Design of Electronic System
Based on Case

基于案例的电子系统设计与实践

于天河　薛楠◎主编
Yu Tianhe　Xue Nan

清华大学出版社

北京

内 容 简 介

本书是为高等学校电子信息类、电气信息类等专业编写的一本电子设计的实践类教材,在内容上从基础软件入手,注重实用性,以案例的形式给出多个电子设计具体实现的方法。

本书共分 13 章,内容包括电子电路 CAD 设计基础与案例、4 个模电、数电方面的设计案例、5 个以单片机为主的设计案例,目的在于培养学生电子系统的综合设计能力,以适应信息时代对相关专业学生知识结构与实践能力的要求。本书的特点是结构新颖,选用的案例具有较强的实用性和层次性,内容上注重理论与实践相结合,着力加强实践性与工程性的训练。

本书除作为高等院校相关专业的教材外,还可作为大学生课外电子制作、电子设计竞赛和相关工程技术人员的实用参考书与培训教材。

图书在版编目(CIP)数据

基于案例的电子系统设计与实践/于天河,薛楠主编. —北京:清华大学出版社,2017
ISBN 978-7-302-45713-8

Ⅰ.①基…　Ⅱ.①于…　②薛…　Ⅲ.①电子系统—系统设计　Ⅳ.①TN02

中国版本图书馆 CIP 数据核字(2016)第 283984 号

责任编辑:文　怡
封面设计:李召霞
责任校对:李建庄
责任印制:宋　林

出版发行:清华大学出版社
　　　　网　　　址:http://www.tup.com.cn,http://www.wqbook.com
　　　　地　　　址:北京清华大学学研大厦 A 座　　　　　　　邮　　编:100084
　　　　社 总 机:010-62770175　　　　　　　　　　　　　　邮　　购:010-62786544
　　　　投稿与读者服务:010-62776969,c-service@tup.tsinghua.edu.cn
　　　　质量反馈:010-62772015,zhiliang@tup.tsinghua.edu.cn
　　　　课件下载:http://www.tup.com.cn,010-62795954
印 装 者:清华大学印刷厂
经　　销:全国新华书店
开　　本:185mm×260mm　　　　　印　张:16　　　　　字　数:392 千字
版　　次:2017 年 1 月第 1 版　　　　　　　　　　　　印　次:2017 年 1 月第 1 次印刷
印　　数:1～2000
定　　价:49.00 元

产品编号:070273-01

前　言

　　"电子设计及实践"是电子信息类、电气信息类专业的一门实践课程。针对信息化社会中电子应用领域的不断扩大,结合目前普通高等院校应用教学的案例式教育理念的需要,我们编写本书。

　　传统的理论性教材注重系统性和全面性,但实用性和实际效果并不是很好。基于案例式的工程教育理论的教学模式注重学生综合能力的培养,在教学过程中以学生未来职业角色为核心,以社会需求为导向,兼顾理论内容与实践技术内容的个性化培养方案,将课内教学与课外实践活动融为一体,形成课内理论教学和课外实践活动的良性互动。通过教学实践表明,该种教学模式对培养学生的创新思维和提高学生的实践能力有很好的作用。

　　本书主要内容包括 Protel 电子电路设计软件安装与应用,基于模电、数电的设计案例,基于单片机的设计案例三大模块。第 1～4 章为电子线路设计软件 Protel DXP 2004 SP2 的使用教程;第 5～8 章是模电、数电的案例设计,包括直流电源电路设计、音频功率放大器设计、低通滤波器设计、数字显示定时报警器设计;第 9～13 章是单片机的智能控制案例设计,包括超声波测距系统设计、电子密码锁系统设计、函数信号发生器的设计、数控稳压电源设计、智能控温系统设计。本书以案例的形式讲述了众多贴近生活的电子系统的相关技术,目的是通过本书的学习,使读者了解和掌握多种电子系统的组成,并具有一定的电子系统软、硬件设计能力。

　　本书的主要特色:

　　(1) 突出设计能力的培养,突破传统教材章节编排知识的系统和逻辑,根据实际项目开发步骤,让读者在完成任务的过程中学习相关知识。以项目案例为核心,实践、实验与理论相结合,相互渗透,相互推动。

　　(2) 主要章节采用项目案例式设计,首先对所需要的基础知识、拟采用硬件设备进行详细介绍。根据设计要求,给出具体设计方案,并详细给出相关软件仿真。案例式设计,从实际应用出发,有利于激发学习兴趣,开拓读者思路。

　　(3) 本书的第一部分介绍 Protel 软件应用。通过项目的实训逐步掌握 Protel 软件的使用,为后面的案例章节做铺垫,使得初学者容易入手,由浅入深地学习。本书第二部分是模电、数电的案例,从项目的设计要求入手,分析方案,对各个部分进行具体设计,最后用软件仿真实现。本书第三部分是单片机案例设计,插入了大量的电路原理图分析、器件的应用分析,对案件采用 C 语言进行编程,并加以详细说明和注释,使读者较为容易地理解和掌握程序设计的思想。

　　(4) 本书的部分案例选取自大学生电子设计竞赛,对于初学电子设计的同学,建议循序渐进地进行阅读。本书的各个案例是按由易到难的顺序编排的,但各个项目相对独立,相关老师可以根据实际教学情况和学时进行选取。

本书由于天河、薛楠任主编,由卢迪教授任主审。第1~4章由薛楠编写,第7章由李鹏飞编写,第5、6章和第8~13章由于天河编写。由于时间及水平有限,书中难免存在错误与不足之处,恳请专家和广大读者批评指正。

在本书编写过程中得到了哈尔滨理工大学电气与电子工程学院、哈尔滨理工大学教务处的大力支持,在此表示感谢。在本书编写时也参考了许多同行专家的相关文献,在此向这些文献的作者深表感谢。

编　者
2016 年 9 月

目 录

第1章　印制电路板认知

第2章　集成元件库设计

第 3 章　电路原理图设计

第 4 章　印制电路板设计

第 5 章　直流电源电路设计

第 6 章　音频功率放大器设计

第 7 章　低通滤波器设计

第 8 章 数字显示定时报警器设计

第 9 章 超声波测距仪设计

第 10 章　电子密码锁设计

第 11 章　函数信号发生器设计

第 12 章 数控稳压电源设计

第 13 章 智能温度测控系统设计

第 **1** 章

印制电路板认知

1.1 项目导读

印制电路板（Printed Circuit Board，PCB）简称电路板。印制电路板是在绝缘材料上，按照预定的设计，采用印制的方法制成导电线路和元件封装，它的主要功能是实现电子元器件的固定安装以及元器件管脚之间的电气连接，从而实现电路的特定功能。

制作正确、可靠、美观的印制电路板是电路板设计的最终目的。制作印制电路板的途径通常分为两种，一种途径是设计人员将设计好的 PCB 图发往工厂，委托工厂进行加工，优点是工厂加工的电路板工艺完善、质量可靠，缺点是加工费用高，消耗时间长；另一种途径是设计人员自制印制电路板，主要出于两方面考虑，一是受研发时间所限，设计人员需要马上使用电路板以便于进行实验或研发，自制电路板可以有效地节省加工时间；二是对于设计人员和初学者来说，如果每一块电路板都委托工厂加工，则费用过高。因此通过自制电路板可以有效地加快研发进度、节省加工费用，同时能够增强设计人员的实践能力，更有助于促进设计人员对设计电路的理解。

本章以 Protel DXP 2004 SP2 制作单面印制电路板为例，实现了从电路原理图的设计到 PCB 的绘制，再到采用热转印法自制 PCB 的完整过程。该项目意在通过一个简单完整的实例使得设计人员对 PCB 的设计和加工过程有着一个初步的认知。

1.2 **基础知识——印制电路板**

1.2.1 印制电路板的基本组成 ◀

印制电路板包含一系列元器件,由绝缘板支撑,通过绝缘板上的铜箔进行电气连接,如图 1-1 所示。

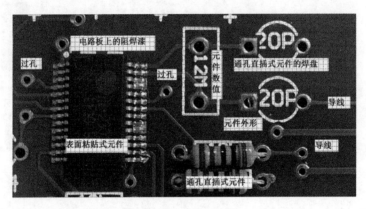

图 1-1 印制电路板

一般来说,印制电路板包括以下 4 个基本组成部分。

(1) 元器件:用于实现电路功能的各种元器件,如芯片、电阻、电容、二极管、三极管等。每一个元器件都包含若干个引脚,通过这些引脚,电信号被引入元器件内部进行处理,从而完成相应的功能。

(2) 绝缘板:采用绝缘材料制成,用于支撑整个电路板。

(3) 铜箔:在电路板上表现为导线、焊盘、过孔和覆铜等。例如,为了实现两个元器件之间引脚的电气连接,需要使用导电能力较强的铜箔导线连接在元器件引脚对应的焊盘之间。

(4) 丝印:在电路板上标注的元器件外形、文字或符号,用来对电路板上的元器件或电路功能进行注释,方便电路和元器件的组装及辨识。

1.2.2 印制电路板的基本概念 ◀

1. 元件封装

元件封装是实际元器件焊接到电路板上时,在 PCB 电路板上所显示的外形和焊盘位置关系,因此元件封装是实际元器件在 PCB 电路板上的外形和引脚分布关系图。

元件封装的两个要素是外形和焊盘。制作元件封装时必须严格按照实际元器件的外形尺寸和焊盘间距来制作,否则装配电路板时有可能因焊盘间距不正确而导致元器件不能焊接到电路板上,或者因为外形尺寸不正确,而使元器件之间相互干扰。

按照元件安装方式,元件封装可以分为通孔直插式封装和表面粘贴式封装两大类型。

通孔直插式元件及元件封装如图 1-2 所示。通孔直插式元件焊接时先要将元件引脚插入焊盘通孔中,然后再焊锡。由于元件引脚贯穿整个电路板,所以其焊盘中心必须有通孔,焊盘至少占用两层电路板,因此在通孔直插式元件焊盘属性对话框中,Layer(层)的属性必须为 Multi-Layer。

表面粘贴式元件及元件封装如图 1-3 所示。此类封装的焊盘没有导通孔,焊盘与元件在同一层面,元件直接贴在焊盘上焊接。所以表面粘贴式封装的焊盘只限于 PCB 板表面的两个板层,即顶层或底层。因此在表面粘贴式元件焊盘属性对话框中,Layer 的属性必须为单一板层,即 Top Layer。

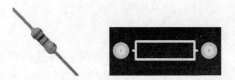

图 1-2 通孔直插式元件及元件封装　　　图 1-3 表面粘贴式元件及元件封装

2. 焊盘

焊盘是在电路板上为了固定元件引脚,并使元件引脚和导线导通而加工的具有固定形状的铜膜。焊盘形状一般有圆形、方形和八角形三种,用于固定通孔直插式元件的焊盘有孔径尺寸和焊盘尺寸两个参数,而表面粘贴式元件对应的焊盘常采用方形焊盘,设置焊盘尺寸即可。

3. 过孔

在双面或多层印制电路板中,为了连接不同板层间的铜膜导线,在各层需要连通的位置处钻有一个连通孔,连通孔的孔壁圆柱面上镀有一层金属,起到连通各层的作用,此连通孔即为过孔。通常,过孔有 3 种类型,它们分别是从顶层到底层的穿透式过孔(通孔)、从顶层通到内层或从内层通到底层的盲过孔(盲孔)、内层间的深埋过孔(埋孔)。过孔的形状只有圆形,主要参数包括过孔尺寸和孔径尺寸。

4. 铜箔导线

覆铜板经过蚀刻后形成铜箔导线,又简称为导线。铜箔导线是电路板的实际走线,用于连接元件的各个焊盘,是印制电路板的重要组成部分。铜箔导线的主要属性是导线宽度,它取决于承载电流的大小和铜箔的厚度。

1.2.3　印制电路板的种类 ◄

印制电路板的种类可以根据元件导电层面的多少分为单面板、双面板、多层板 3 种。

1. 单面板

单面板是一种一面覆铜而另一面没有覆铜的电路板,如图 1-4 所示。在覆铜的一面上包含用于焊接的焊盘和用于连接元器件的铜箔导线,在没有覆铜的一面上包含元件的型号、参数以及电路的说明等,以便满足元器件的安装、电路的调试

图 1-4 单面板

和维修等需求。由于单面板只有一面覆铜，所有导线都集中在这一面中，很难满足复杂连接的布线要求，只适用于比较简单的电路。

2．双面板

双面板是上、下两面均覆铜的电路板，如图1-5所示。因此双面板的顶层和底层都有用于连接元器件的铜箔导线，两层之间通过金属化过孔来连接。一般来说，双面板的全部元件或多数元件仍安装在顶层，因此元件的型号和参数也多是在顶层上印制，而底层还是用于元器件的焊接。双面板既降低了布线难度，又提高了电路板的布线密度，可以适应较为复杂的电气连接的要求，是目前应用较为广泛的电路板。

图1-5　双面板

3．多层板

对于比较复杂的电路，双面板已不能满足布线和电磁屏蔽要求，这时一般采用多层板设计。多层板结构复杂，它是由导电层和绝缘材料层交替粘合而制成的一种印制电路板，层间的电气连接利用金属化过孔实现。随着集成电路技术的不断发展，元件集成度越来越高，电路中元件连接关系越来越复杂，也使多层板的应用越来越广泛。

1.2.4　印制电路板的工作层面 ◀

Protel DXP 2004 SP2 提供了不同类型的工作层面，分别为：32 个信号层（Signal Layers）、16 个内部电源/接地层（Internal Planes）、16 个机械层（Mechanical Layers）、4 个防护层（Mask Layers）［包括 2 个阻焊层（Solder Mask Layers）和 2 个焊锡膏层（Paste Mask Layers）］、2 个丝印层（Silkscreen Layers）、4 个其他层（Other Layers）［包括 1 个禁止布线层（Keep Out Layer）、2 个钻孔层（Drill Layers）和 1 个多层（Multi Layer）］。

1．信号层

信号层包括顶层（Top Layer）、底层（Bottom Layer）和中间信号层（Mid Layer 1～Mid Layer 30），它们主要用来布置信号线。常见的 PCB 双面板设计是在顶层信号层和底层信号层上放置元件以及布置铜箔导线。

2．内部电源/接地层

内部电源/接地层，简称内电层，在 PCB 设计过程中主要为多层板提供放置电源线和地线的专用布线层。

3．机械层

Protel DXP 2004 SP2 提供了 16 个机械层，用于设置电路板的外形尺寸、对齐标记、数据标记等机械信息。在 PCB 设计过程中最常使用 Mechanical 1 层绘制电路板的外形。

4．防护层

防护层包括阻焊层和焊锡膏层，主要用于保护铜线以及防止元件被焊接到不正确的地方。

阻焊层分为顶部阻焊层（Top Solder Mask）、底部阻焊层（Bottom Solder Mask）两层，为焊盘以外不需要焊锡的铜箔上涂覆一层阻焊漆，主要用于阻止焊盘以外的导线、覆铜区等上锡，从而避免相邻导线焊接时短路，还可防止电路板长期使用时出现的氧化腐蚀。

焊锡膏层，有时也称为助焊层，用来提高焊盘的可焊性能，在 PCB 上比焊盘略大的各浅色圆斑即为焊锡膏层。在进行波峰焊等焊接时，在焊盘上涂上助焊剂，可以提高 PCB 的焊接性能。

5. 丝印层

丝印层分为顶层丝印层（Top Overlayer）和底层丝印层（Bottom Overlayer）。丝印层是通过丝印的方式在电路板上印制元件或电路的基本信息，例如元件封装、元件标号和参数、电路的说明等，以便元件的安装以及电路的调试。

6. 其他层

其他层包括 1 个禁止布线层、2 个钻孔层和 1 个多层。

在禁止布线层上绘制一个封闭区域作为自动布线时的区域，可以将电路中的元件和布线有效地控制在该区域内，该区域外不能进行布线。

钻孔位置层（Drill Guide）用于标识印制电路板上钻孔的位置，钻孔绘图层（Drill Drawing）用于设定钻孔形状，多层（Multi Layer）针对通孔焊盘和过孔而设，通孔焊盘和过孔都设置在多层上，关闭此层，则焊盘和过孔将无法显示。

1.3　项目实训——印制电路板的设计与制作

本项目以制作单面印制电路板为背景，首先给出从原理图设计到 PCB 设计的一个简要过程，然后使用热转印法制作一块单面印制电路板，最后完成电路板的加工。通过本项目的实训可以使设计人员初步了解 PCB 设计的大致过程，并对印制电路板的结构和制作过程有着清晰的了解，有助于后续章节知识的理解和学习。

1.3.1　项目参考 ◀

项目选取的是一个简易的电路，且实验结果清晰直观，在整个项目的实施过程中，设计人员能够始终对电路的结构保持清晰的认知。另外此项目中的电路全部选用 Protel DXP 2004 SP2 软件启动时自动加载的两个基本库（Miscellaneous Devices. IntLib 和 Miscellaneous Connectors. IntLib）中的元器件，降低了 PCB 设计难度。同时，在设计过程中，回避 PCB 设计规则和其他复杂的操作，简化 PCB 设计过程。但即使这样，该项目的设计仍覆盖了电子线路设计的核心内容，因此设计人员在进行项目设计时，要注意把握项目的主线，先不必过多涉及原理图设计以及 PCB 设计中的复杂操作。

(1) 如图 1-6 所示，绘制电路原理图，要注意保证电路中电气连接的正确性。

(2) 与电路原理图 1-6 对应的单面印制电路板布线图如图 1-7 所示。

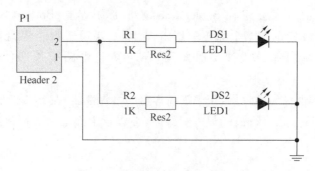

图 1-6　电路原理图参考

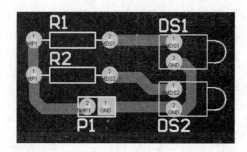

图 1-7　PCB 图参考

（3）项目中的元器件图形符号、PCB 元器件封装及元器件实物如表 1-1 所示。

表 1-1　元器件图形符号、PCB 元器件封装及元器件实物

序　　号	元器件名称	元器件图形符号	PCB 元器件封装	元器件实物
1	电阻	R? Res2 1K		
2	发光二极管	DS? LED1		
3	插针	P? Header 2		

1.3.2　项目实施过程

　　项目的实施过程包括创建一个新的 PCB 项目，向 PCB 项目中添加新的原理图文件并绘制电路原理图，添加新的 PCB 文件并绘制相应的印制电路板图，最后采用热转印法自制印制电路板。

　　步骤 1.1　新建 PCB 项目。

　　首先在"D:\Chapter1"目录下创建一个名为"双管电路"的文件夹，然后启动 Protel DXP 2004 SP2 软件，进入设计系统中。在设计系统的主界面上执行菜单命令 File→New→

Project→PCB Project,创建一个新的 PCB 项目,执行菜单命令 File→Save Project 将项目更名为"双管电路. PrjPCB"保存在指定目录"D:\Chapter1\双管电路"下。

步骤 1.2 添加电路原理图文件。

在设计系统的主界面上执行菜单命令 File→New→Schematic,为该 PCB 项目添加一个新的原理图文件,执行该命令后,系统会启动原理图编辑器。

步骤 1.3 绘制电路原理图。

绘制电路原理图主要包括放置元器件等电气对象,修改元器件的标号和数值,连接元器件等步骤。

步骤 1.3.1 放置元器件、接插件与 GND 端口。

在 Projects 工作面板的 PROTEL DXP 自带元器件库(Miscellaneous Devices. IntLib)中找到电路原理图中所需的 2 个元器件 Res2 和 2 个元器件 LED1,在 PROTEL DXP 自带接插件库(Miscellaneous Connectors. IntLib)中选取 1 个接插件 Header 2,将它们放到原理图中并调整位置。再单击 Wiring 工具栏中的 ⏚ 按钮放置 GND 端口,所有电气对象放置后的电路原理图如图 1-8 所示。

步骤 1.3.2 修改元器件的标号和数值。

以电阻为例,单击电阻标号 R?,间隔一下后再次单击该电阻标号,这时电阻标号 R? 就变为可编辑的状态,此时直接在编辑框中对电阻标号 R? 修改即可。元器件标号和数值全部修改后的原理图如图 1-9 所示。

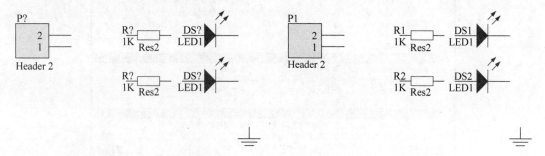

图 1-8　元器件放置后的电路原理图　　　　图 1-9　元器件的标号和数值修改后的电路原理图

步骤 1.3.3 连接各个电气对象。

单击 Wiring 工具栏中的 ≈ 按钮执行放置导线的命令来连接各个电气对象,按照如图 1-10 所示的连接关系来连接元器件等电气对象并调整位置。

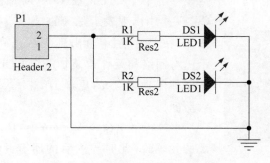

图 1-10　元器件连接后的电路原理图

步骤 1.3.4 保存文件。

在 Protel DXP 原理图编辑器界面上执行菜单命令 File→Save,将文件更名为"双管电路.SchDoc"后保存到指定目录下。

在上述步骤完成之后,即完成了双管电路原理图的绘制过程。

步骤 1.4 添加 PCB 文件。

使用 Protel DXP 进行电路设计的最终目的是制作符合设计需要的印制电路板,因此在加工电路板之前设计人员必须对 PCB 文件进行认真设计。

执行菜单命令 File→New→PCB,在当前 PCB 项目下添加一个新的 PCB 文件,执行该命令后,系统会自动启动 PCB 编辑器。在 PCB 编辑器界面上执行菜单命令 File→Save,将文件更名为"双管电路.PcbDoc"后保存到指定目录"D:\ Chapter1\双管电路"下。

步骤 1.5 单面印制电路板的设计。

步骤 1.5.1 载入网络表和元件封装。

在 PCB 编辑环境下执行菜单命令 Design→Import Changes From 双管电路.PrjPCB 后,会弹出如图 1-11 所示的 Engineering Change Order 对话框,即 ECO 对话框。

Engineering Change Order						
Modifications				**Status**		
Enable	Action	Affected Object		Affected Document	Check	Done	Message
□ 📁		Add Component C				
☑	Add	📁 双管电路	To	🟦 双管电路.PCBDOC		
□ 📁		Add Components(				
☑	Add	DS1	To	🟦 双管电路.PCBDOC		
☑	Add	DS2	To	🟦 双管电路.PCBDOC		
☑	Add	P1	To	🟦 双管电路.PCBDOC		
☑	Add	R1	To	🟦 双管电路.PCBDOC		
☑	Add	R2	To	🟦 双管电路.PCBDOC		
□ 📁		Add Nets[4]				
☑	Add	GND	To	🟦 双管电路.PCBDOC		
☑	Add	NetDS1_1	To	🟦 双管电路.PCBDOC		
☑	Add	NetDS2_1	To	🟦 双管电路.PCBDOC		
☑	Add	NetP1_2	To	🟦 双管电路.PCBDOC		
□ 📁		Add Rooms[1]				
☑	Add	Room 双管电路 (S To		🟦 双管电路.PCBDOC		

Validate Changes   Execute Changes   Report Changes...   □ Only Show Errors   Close

图 1-11　Engineering Change Order 对话框

首先单击 Engineering Change Order 对话框中的 Validate Changes 按钮检查网络和元件封装是否正确,由于本项目使用的都是 PROTEL DXP 启动时自动加载的元器件库,因此网络和元件封装的装入操作基本不会发生错误,表现为在 ECO 对话框中的 Status 区域的 Check 栏中出现表示正确的绿色 ✓ 符号。单击 Execute Changes 按钮,在 Done 栏中也出现表示正确的 ✓ 符号,此时就表示已将网络和元件封装加载到 PCB 文件中,从而实现了从原理图向 PCB 的更新,单击 Close 按钮关闭该 ECO 对话框。

图 1-12　导入的网络和元件封装

再执行菜单命令 View→Fit Document 显示出所有导入的元器件,此时导入后的所有元器件都存在于棕色的 Room 框中,如图 1-12 所示。

步骤 1.5.2 元件布局。

单击鼠标左键并按住 Room 框,将 Room 框拖动至 PCB 编辑器的工作区,删除 Room 框后调整元件封装的位置,调整后的元件布局如图 1-13 所示。

步骤 1.5.3 手动布线。

进行 PCB 设计时,考虑到项目中首次采用热转印技术制板,为了保证首次制板的成功率,在对导线线宽设置的时候,需要将导线宽度设置略大一些,因此项目中导线线宽设置为经验值 55mil。又考虑制板时焊盘钻孔使用的是直径 1.0mm 的钻头,因此所有元器件的焊盘外径选取经验值 90mil。

在 PCB 编辑器界面上执行菜单命令 Place→Interactive Routing 进行手动布线,PCB 底层布线后的效果如图 1-14 所示。

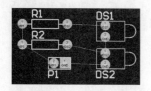

图 1-13　元件布局

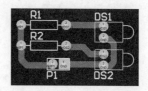

图 1-14　手动布线

步骤 1.5.4 保存文件。

执行菜单命令 File→Save,将绘制好的 PCB 文件保存。

完成上述步骤后,双管电路 PCB 图绘制过程全部结束。

步骤 1.6 自制印制电路板。

热转印法自制电路板,首先将设计好的 PCB 图打印在热转印纸上的光滑面上,其次通过热转印机高温加热将打印在热转印纸光滑面上的碳粉转印在覆铜板的铜箔面上,形成了一个覆盖铜箔(电路)的腐蚀保护层,再将转印后的覆铜板放在腐蚀液中腐蚀掉受保护电路外的其他铜箔,即可得到所需电路板。

步骤 1.6.1 准备设备、工具及耗材。

采用热转印法自制电路板需要准备相应的设备、工具以及用于制板的耗材,具体包括:

1. 设备: 计算机、激光打印机、热转印机

(1)计算机用于绘制印制电路板图。

(2)激光打印机将绘制好的 PCB 图打印在热转印纸的光滑面上。

(3)热转印机的功能是通过高温加热,将 PCB 图热转印到覆铜板上。如果没有热转印机,也可以采用不锈钢底面的电熨斗或与热转印机类似的过塑机取代热转印机,功能相同。

2. 工具: 不锈钢剪、剪刀、油性记号笔、电钻

(1)不锈钢剪将覆铜板剪裁成制板所需的尺寸。

(2)剪刀用于裁剪热转印纸至转印所需的尺寸。

(3)油性记号笔用于修补短缺碳粉,即转印后用于保护电路的碳粉如果再有断裂的地方,可用油性记号笔进行修补。

(4)电钻用于对转印后的电路板上的焊盘打孔,以便插接元器件。

3. 耗材：热转印纸、覆铜板、细砂纸、腐蚀剂

（1）热转印纸是一种将纸和高分子膜复合制成的特殊纸，这种纸可以耐受很高的温度而不变形受损。其光滑的一面不易附着其他材料，将 PCB 图打印在热转印纸的光滑面上，在高温下热转印纸表面的碳粉会与热转印纸脱离而附着在与热转印纸相接触的覆铜板表面，即将 PCB 图热转印到覆铜板上。

（2）覆铜板是用来制作 PCB 的基板，其单面或双面覆有薄薄的一层铜箔。

（3）细砂纸用于打磨覆铜板。

（4）腐蚀剂用于按比例配置腐蚀液，腐蚀掉覆铜板上除所需电路以外的其他覆铜。

工具和耗材的实物如图 1-15 所示。

图 1-15　工具和耗材

步骤 1.6.2 打印电路板图。

在打印 PCB 图之前，首先需要进行页面设置，执行菜单命令 File→Page Setup 进行页面设定，弹出 Composite Properties 对话框，如图 1-16 所示。

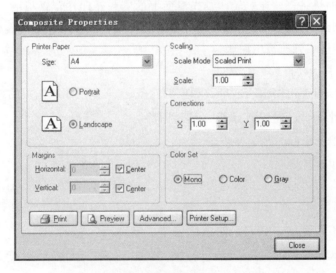

图 1-16　打印设置

将 Scale 打印比例选项设置为 1.00，即采用 1∶1 的比例打印所需 PCB 图。将 Color Set 颜色选项设置为单色 Mono。设置完成后，再单击 Advanced 高级选项，弹出 PCB

Printout Properties 对话框，由于本项目制作的是单面（底层）电路板，因此需要删掉其他不需要的层，只保留设计中所需要的底层 Bottom Layer 即可，如图 1-17 所示。

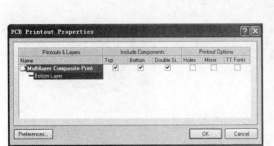

图 1-17　Bottom Layer 打印设置

双击 PCB Printout Properties 对话框中保留的 Bottom Layer 选项，弹出 Layer Properties 对话框，在该对话框的各个图元的选项组中，分别提供了 Full、Draft、Hide 3 种不同类型的打印方案，即打印图元全部图形画面，打印图元外形轮廓，以及隐藏图元不打印。本项目中保持默认设置，即 Full 选项，需要将底层电路板中所有图元打印出来。

页面设置完成后，执行菜单命令 File→Print 打印 PCB 图。注意，在打印 PCB 图到热转印纸时，一定要将 PCB 图打印到热转印纸的光滑面上，如图 1-18 所示。

步骤 1.6.3　处理覆铜板。

先用细砂纸对覆铜板的表面稍加打磨，以便更好地进行热转印。打磨后的覆铜板表面略显粗糙，如果直接进行转印，热转印纸上的碳粉转印到覆铜板上后可能会脱落。可以将覆铜板放到腐蚀液中稍微腐蚀一下，用水清洗后按照电路大小用不锈钢剪分割出大小适合的电路板，如图 1-19 所示。

图 1-18　打印到转印纸光滑面上的 PCB 图　　　　图 1-19　腐蚀剪切处理后的覆铜板

步骤 1.6.4　进行热转印。

设定热转印机温度为 200℃ 左右，将热转印纸上有 PCB 图的光滑一面覆盖在覆铜板上固定好，再将覆盖有热转印纸的覆铜板放到热转印机中进行热转印，如图 1-20 所示，目的是将热转印纸上的碳粉通过热转印机高温加热转印到覆铜板上。根据转印效果可适当重复几次转印过程,即每次转印后,将覆铜板适当冷却,再揭开热转印纸观察转印效果,如果转印缺陷较大,可以再重复几次热转印过程,转印后的覆铜板如图 1-21 所示。

图 1-20 热转印中的覆铜板

最后对热转印完成后的覆铜板上的线路进行仔细检查,一旦发现线路还有断线处,可以用油性记号笔进行修补,修补的作用与用碳粉覆盖铜箔的作用一致。

步骤 **1.6.5** 腐蚀电路板。

将腐蚀剂与 60℃ 左右的热水采用 1∶4 的比例配置出腐蚀液,将热转印后的覆铜板放入腐蚀液中进行腐蚀。注意,在腐蚀的过程中,保持水温恒定有助于加快腐蚀过

图 1-21 热转印完成后的覆铜板

程。可以直观地观察到未受到碳粉保护的、裸露在外的覆铜被逐步腐蚀掉,而被碳粉保护的线路则保留下来,如图 1-22 所示。等到除所需电路外的覆铜全部被腐蚀掉后再将电路板取出,即完成电路板的腐蚀过程,用清水清洗覆铜板,结果如图 1-23 所示。

图 1-22 腐蚀液中被腐蚀的覆铜板

步骤 **1.6.6** 清理碳粉。

可以选用小刀将铜线上的碳粉去除掉,去除碳粉后与电路相对应的铜箔显露出来,如图 1-24 所示。此时,如再发现铜箔断裂,可以用焊锡修补电路。

图 1-23 腐蚀完成后的电路板   图 1-24 去除碳粉

步骤 **1.6.7** 在电路板钻孔。

本项目中,PCB 板焊盘直径已设定为 90mil,可以采用直径 1.0mm 的钻头给焊盘打孔,如图1-25所示。钻孔太小不易插入元器件,钻孔太大不易焊接元器件。对准焊盘中心进行钻孔,钻孔后的电路板如图1-26所示。

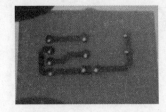

图1-25　焊盘钻孔　　　　　　图1-26　制作好的电路板的正反面

步骤 1.6.8 在电路板上安装元器件。

按照设计要求,将元器件放置在相应位置,并在铜箔面上焊接元器件的引脚,焊接好的电路如图1-27所示。

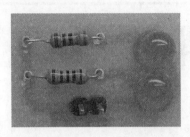

图1-27　制作好的电路板正面

至此,采用热转印法自制单面印制电路板的过程全部完毕。

第**2**章

集成元件库设计

2.1　　项目导读

　　虽然 Protel DXP 2004 SP2 设计系统提供了比较完整的元件库,几乎覆盖了世界上大多数芯片制作厂商的产品。然而随着新元件的研发与应用,或者软件自带的元件模型不符合设计人员的要求,此时仍需要设计人员使用系统提供的库文件编辑器来创建自己的元件库以及绘制所需的原理图元件和元件封装。

　　本章的项目以制作 NE555 和发光二极管两个元器件为例,首先创建元件原理图库并绘制元器件,其次,创建 PCB 元件封装库并绘制元件封装,最后创建集成元件库项目,在项目中加载自定义的元件原理图库文件以及自定义的元件封装库文件,再经过编译形成属于自己的集成元件库文件。本章通过一个完整的实例使得设计人员对元件原理图库、PCB 元件封装库和集成元件库的操作以及元件、元件封装的绘制过程有一个初步的了解和认识。

2.2　　基础知识——元件原理图库、PCB 元件封装库

2.2.1　元件原理图库编辑器　◀

　　元件原理图库,文件扩展名为"*. SchLib"。元件原理图库中的原理图元件是实际元件的电气图形符号,包括原理图元件的外形和元件引脚两个部分。元件外形不具有任何电气

特性,对其大小没有严格的规定,和实际元件的大小没有什么对应关系。元件引脚具有电气特性,定义时需要考虑的实际元件引脚特性,原理图元件的引脚编号和实际元件对应的引脚编号必须是一致的,但是在绘制原理图元件时,其引脚排列顺序可以与实际元件的引脚排列顺序有所区别。

1. 启动元件原理图库编辑器

在 Protel DXP 2004 SP2 设计系统中,通过新建元件原理图库文件来启动元件原理图库编辑器,具体操作步骤如下所示:

(1) 执行菜单命令 File→New→Library→Schematic Library,此时将会启动元件原理图库编辑器,同时弹出 Projects 工作面板,在 Projects 工作面板上可以观察到系统自动生成了一个名为 SchLib1. SchLib 的元件原理图库文件。此时的元件原理图库编辑器窗口如图 2-1 所示。

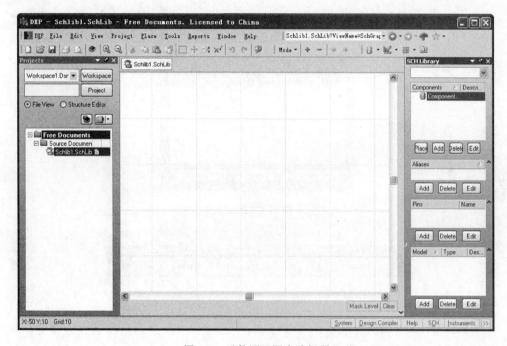

图 2-1　元件原理图库编辑器

(2) 执行菜单命令 File→Save,保存元件原理图库文件到 D:\Chapter2\MySchLib 目录下。

(3) 执行菜单命令 View→WorkSpace Panels→SCH→SCH Library,打开 SCH Library 工作面板,如图 2-2 所示。

完成上述步骤后,一个名为 SchLib1. SchLib 的元件原理图库文件就创建完毕了,同时进入了元件原理图库编辑器界面。

2. 菜单栏

元件原理图库编辑器的界面由系统菜单、工具栏、工作区、工作面板、状态栏和命令行以及面板控制区等六大部分组成。元件原理图库编辑器的菜单栏的主要功能是进行各种命令操作、设置视图的显示方式、放置对象、设置各种参数以及打开帮助文件等,如图 2-3 所示。

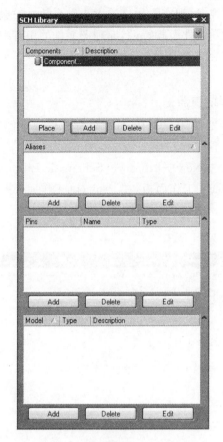

图 2-2　SCH Library 工作面板

图 2-3　元件原理图库编辑器的菜单栏

（1）File 菜单项主要用于文件的管理工作，例如文件的新建、打开、保存以及显示最近访问的文件信息等。

（2）View 菜单项主要用于对图纸的缩放和显示比例的调整，以及对工具栏、工作面板、状态栏和命令行等管理操作。

（3）Project 菜单项主要用于库文件的编译以及对项目的管理等。

（4）Place 菜单项主要用于放置绘制原理图元件时的各种对象。

（5）Windows 菜单项主要用于对窗口的管理。

3. 工具栏

元件原理图库编辑器界面的菜单栏下面是一些常用的工具栏，它的作用是为设计人员提供一些最常用的命令并且将命令以按钮的形式表示出来。设计人员可以自行设置工具栏的显示或隐藏状态，使元件原理图库编辑器的界面更适合设计人员的操作习惯，提高工作效率。

执行菜单命令 View→Toolbars,再分别选择其中的 Sch Lib Standard、Utilities、Mode、Navigation 子菜单项便可以打开这些系统工具栏,或者在元件原理图库编辑器界面上的某一个工具栏上单击鼠标右键,然后在弹出的右键菜单中勾选工具栏的复选框也可以显示或隐藏这些工具栏。元件原理图库编辑器界面的四个工具栏如图 2-4 所示。

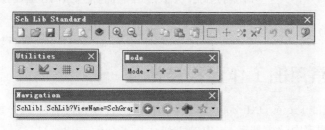

图 2-4　元件原理图库编辑器的工具栏

在这四个工具栏中最为常用的是 Sch Lib Standard 工具栏和 Utilities 工具栏。Sch Lib Standard 工具栏中常用按钮如表 2-1 所示。

表 2-1　Sch Lib Standard 工具栏中常用按钮

按　　钮	功　　能	按　　钮	功　　能
	新建文件		打开已有文件
	保存文件		打印文件
	打印预览		放大对象
	缩小对象		剪切对象
	复制对象		粘贴对象
	在区域内选择对象		移动选择对象
	取消所有对象的选择		清除过滤
	撤销		恢复
	帮助		

Utilities 工具栏中又包括 IEEE 符号工具栏、绘图工具栏、网格工具栏以及模式管理器,其中最为常用的是绘图工具栏,如图 2-5 所示,其按钮的功能主要是在元件原理图库编辑环境下放置用于绘制原理图元件的各种对象,绘图工具栏中常用按钮功能如表 2-2 所示。

表 2-2　绘图工具栏中常用按钮功能

图 2-5　绘图工具栏

按　　钮	功　　能	按　　钮	功　　能
/	放置直线		放置椭圆弧
A	放置文本字符串		创建新元件
	添加子元件		放置矩形
	放置圆边矩形		放置椭圆
	放置引脚		

4. 状态栏及命令行

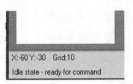

图 2-6 状态栏和命令行

状态栏位于元件原理图库编辑器界面的左下角,它的作用是显示系统当前所处的状态,例如当前的坐标位置、栅格信息等。

命令行位于状态栏的下面,它的作用是显示系统当前正在执行的命令,例如当系统没有执行任何命令时,命令行将会显示 Idle state-ready for command 的字样,如图 2-6 所示。

2.2.2 常用的工作面板及操作 ◀

具有完备功能的 Protel DXP 2004 SP2 工作面板为设计人员进行 PCB 设计提供了最大的方便,当系统切换到不同编辑器时,相应的工作面板也会随之切换,以适应不同的设计需要。在元件原理图库编辑环境下最常用的是 Projects 工作面板和 SCH Library 工作面板。

1. Projects 工作面板

Projects 工作面板如图 2-7 所示,它用来管理整个设计项目及文件,包括打开文件、保存项目和文件以及关闭项目和文件等操作。

2. SCH Library 工作面板

在绘制元件的过程中,SCH Library 工作面板是最为常用的工作面板,如图 2-8 所示。通过 SCH Library 工作面板,设计人员可对元件原理图库中的元件进行管理,例如执行新建、编辑、复制、粘贴、删除原理图元件等操作。对 SCH Library 工作面板的熟练操作有益于提高设计工作效率。

图 2-7 Projects 工作面板

图 2-8 SCH Library 工作面板

单击元件原理图库编辑器界面右下角面板控制区中的 SCH 标签,选择其中的 SCH Library 选项,系统将弹出 SCH Library 工作面板,如图 2-9 所示。

在 Protel DXP 设计系统中,SCH Library 工作面板中常用四个区域:元件列表区域、别名列表区域、引脚列表区域和模型列表区域。

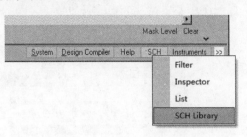

① 元件列表区域。元件列表区域的功能是管理当前打开的元件原理图库中的所有元件,它包括一个元件列表和四个功能按钮。

元件列表:用来列出当前打开的元件原理图库文件中的所有元件信息。

图 2-9　选择 SCH Library 选项

Place 按钮:用来将元件列表中选中的元件放置到当前打开的电路原理图中。

Add 按钮:用来将新建的原理图元件添加到当前的元件原理图库中。

Delete 按钮:用来将元件列表中已选中的元件删除。

Edit 按钮:用来对元件列表中选中的元件进行编辑。

② 别名列表区域。别名列表区域的功能是管理元件列表中选中元件的别名,它包括一个别名列表和三个功能按钮。别名列表用来列出在元件列表中选中元件的所有别名信息。

③ 引脚列表区域。引脚列表区域的功能是管理元件列表中选中元件的引脚信息,它包括一个引脚列表和三个功能按钮。引脚列表用来列出在元件列表中选中元件的所有引脚信息。

④ 模型列表区域。模型列表区域功能是管理元件列表中选中元件的一些模型信息,它包括一个模型列表和三个功能列表按钮。模型列表用来列出在元件列表中选中元件的所有模型信息。

3．工作面板的操作

（1）工作面板的打开和关闭

随着编辑器的切换,在界面右下角的面板控制区中的标签也随之发生改变,可以根据设计的需要,在面板控制区中选择所需要的工作面板选项,即可打开该工作面板。单击工作面板右上方上的图标 X 关闭工作面板。

（2）工作面板的三种显示状态

① 悬浮状态。工作面板的悬浮状态是指工作面板出现在工作区的中间,并且在该面板的右上角只有 ▼ 和 X 两个图标,如图 2-10 所示。要想使工作面板处于悬浮状态,可以用鼠标左键按住工作面板的标题栏不放,拖动工作面板向工作区中间移动,到合适的位置后,松开鼠标左键即可。

② 锁定状态。工作面板的锁定状态是指工作面板出现时将紧贴在编辑器工作区的周边,并且在面板的右上角会出现 ▼、📌 和 X 三个图标,如图 2-11 所示。在工作面板处于悬浮状态下,如要想使工作面板处于锁定状态,可以用鼠标左键按住工作面板的标题栏不放,拖动工作面板向界面四侧移动,当工作面板到达界面两侧时,会弹出一个虚框,此时松开鼠标左键即可,如图 2-12 所示。

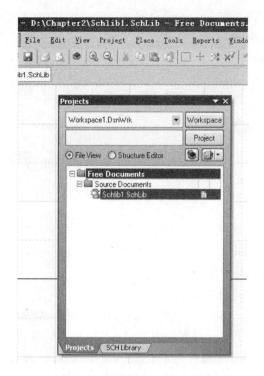

图 2-10　工作面板的悬浮状态　　　　图 2-11　工作面板的锁定状态

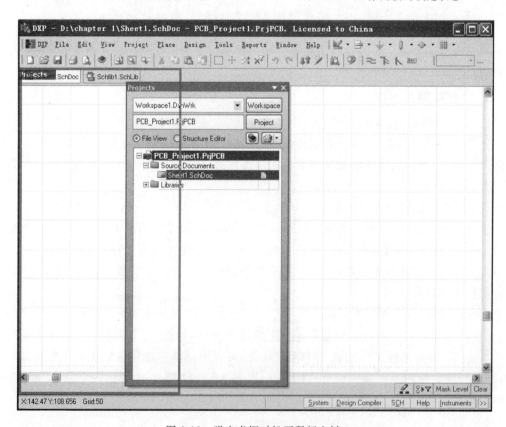

图 2-12　弹出虚框时松开鼠标左键

③ 隐藏状态。工作面板的隐藏状态是指工作面板以面板标签的形式出现在编辑器工作区的四周。当工作面板处于锁定状态时,单击图标  切换到图标 ,如图 2-13 所示,再将光标移开工作面板,工作面板就会自动隐藏,如图 2-14 所示。在这种隐藏状态下,只有当光标指向窗口中的面板标签时,工作面板才会自动弹出。

图 2-13　图标 　 表示锁定、隐藏状态　　　　图 2-14　工作面板的隐藏显示方式

2.2.3　元件原理图库的图纸属性

在元件原理图库编辑器工作区的空白处单击鼠标右键,弹出右键快捷菜单,从弹出的右键菜单中选择 Options→Document Options 选项,就可以弹出如图 2-15 所示的 Library Editor Workspace 对话框。下面介绍图纸属性对话框中两个选项卡,即 Library Editor Options 选项卡和 Units 选项卡中的一些常用的设置。

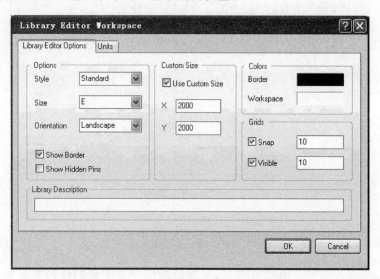

图 2-15　原理图库图纸属性设置对话框

Library Editor Options 选项卡包括有四个区域,用来设置元件原理图库图纸属性。

1. Option 区域

(1) Size 选项用来选择图纸尺寸。在 Size 的下拉列表框中可以看到系统提供的各种图纸尺寸。公制尺寸如 A0、A1、A2、A3、A4，英制尺寸如 A、B、C、D、E。

（2）Orientation 选项用来设置图纸的方向。其中 Landscape 选项表示图纸为水平放置，Portrait 选项表示图纸为垂直放置。

（3）Show Hidden Pins 选项可将自定义元件的所有隐藏的引脚都在元件原理图库编辑器中显示出来。

2. Custom Size 区域

Custom Size 区域用来设置自定义尺寸的图纸。

3. Color 区域

Color 区域用来修改边界颜色和工作区颜色。

4. Grid 区域

Grid 区域中分为两个设置项，Snap 中设置的数值表示放置组件时，组件每次移动的距离。Visible 中设置的数值表示可视化栅格的尺寸。

如图 2-16 所示，Library Editor Workspace 对话框中 Units 选项卡用于设置系统采用的单位，勾选复选框可以选择在设计过程中时使用英制单位（Imperial）还是公制（Metic）单位。选定单位类型后，还要根据设计需要再设置该类型单位中的基本单位。

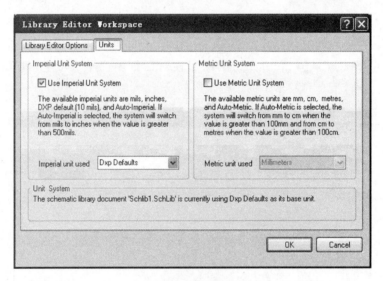

图 2-16　单位选项

2.2.4　元件原理图库的视图操作 ◄

元件原理图库编辑器菜单栏中的 View 菜单项用于对图纸的缩放和显示比例调整，设计人员可以根据自己的操作习惯运用 View 菜单项的某些命令。但在实际的设计过程中，图纸视图的缩放最常使用的操作方法一般有以下两种：

（1）使用键盘上的 Page Up 键或 Page Down 键可以放大或缩小视图。

（2）按住键盘上的 Ctrl 键，同时向前或向后滚动鼠标滚轮可以实现以光标为中心的放大和缩小视图的操作。

这两种视图操作方法也同样适用于 PCB 元件封装库、电路原理图以及印制电路板图的视图操作。

2.2.5　PCB 元件封装库编辑器 ◄

PCB 元件封装库,文件扩展名为"＊.PcbLib"。系统自带的 PCB 元件封装库位于 Protel DXP 2004 SP2 的安装目录下,通常在"Library\ Pcb"目录下,设计人员也可以根据需要建立自己的 PCB 元件封装库。

1. 启动 PCB 元件封装库编辑器

在 Protel DXP 2004 SP2 设计系统中,同样可以通过新建 PCB 元件封装库文件来启动 PCB 元件封装库编辑器,具体操作步骤如下所示:

(1) 执行菜单命令 File→New→library→PCB library,此时将会自动启动 PCB 元件封装库编辑器,Projects 工作面板会自动弹出,并且一个默认名为 PcbLib1.PcbLib 的 PCB 元件封装库文件将会出现在 Projects 工作面板上。这时的编辑器窗口如图 2-17 所示。

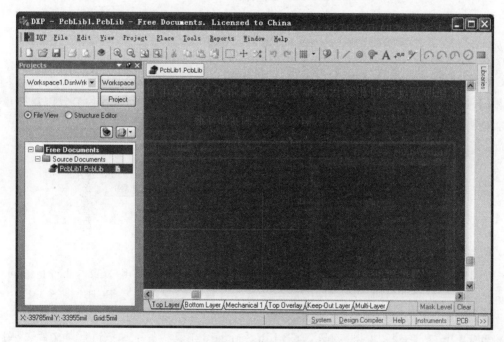

图 2-17　PCB 元件封装库编辑器

(2) 执行菜单命令 File→Save,保存 PCB 库文件到 D:\Chapter2\MyPcbLib 目录。

(3) 执行菜单命令 View→Work Space Panels→PCB→PCB Library,打开 PCB Library 工作面板,如图 2-18 所示。

完成上述步骤后,一个名为 PcbLib1.PcbLib 的 PCB 元件封装库文件就创建完毕了,同时进入了 PCB 元件封装库编辑器界面。

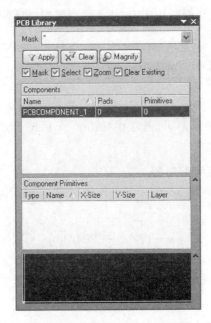

图 2-18　PCB Library 工作面板

2. 菜单栏

PCB 元件封装库编辑器的菜单栏与元件原理图库编辑器的菜单栏中的菜单项基本功能相同,都是进行各种命令操作、设置视图的显示方式、放置对象、设置各种参数以及打开帮助文件等,如图 2-19 所示。但是由于两个编辑器的设计内容不同,体现在 Place 菜单项和 Tools 菜单项下的内容差别较大。

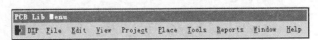

图 2-19　PCB 元件封装库编辑器的菜单栏

3. 工具栏

PCB 元件封装库编辑器的工具栏包括 PCB Lib Standard、PCB Lib Placement、Navigation 3 个工具栏,如图 2-20 所示。在设计过程中最常用的是 PCB Lib Standard 和 PCB Lib Placement 两个工具栏,这两个工具栏与元件原理图库中的 SCH Lib Standard 工具栏和 Utilities 工具栏功能相对应,PCB Lib Standard 工具栏的工具按钮是对文件、视图以及对象的操作等,PCB Lib Placement 工具栏的工具按钮是在 PCB 元件封装库编辑环境中放置不同对象,具体功能如表 2-3 所示。

图 2-20　PCB 元件封装库的工具栏

表 2-3　PCB Lib Placement 工具栏中常用按钮功能

按　　钮	功　　能	按　　钮	功　　能
／	放置直线	◎	放置焊盘
♦	放置过孔	A	放置文本字符串
+10,10	添加坐标	▬	放置矩形填充
◠◡◠◯		放置各种圆弧	

2.2.6　PCB Library 工作面板 ◀

在 PCB 元件封装库编辑器的 PCB Library 工作面板中,设计人员可对 PCB 元件封装库中的元件封装进行管理,例如进行复制、粘贴、删除元件封装等操作。

单击 PCB 元件封装库编辑器界面右下角面板控制区的 PCB 标签,选择其中的 PCB Library 选项,系统将弹出元件的 PCB 封装管理器,即 PCB Library 工作面板,如图 2-21 所示。

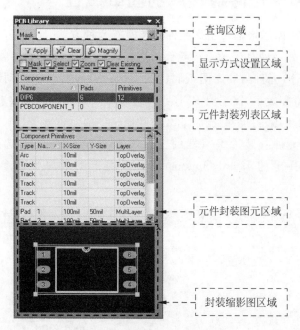

图 2-21　PCB Library 工作面板

PCB Library 工作面板中包括五个区域,即 Mask 查询区域、显示方式设置区域、Components 元件封装列表区域、Component Primitives 元件封装图元区域、封装缩影图区域。

(1) Mask 查询区域:在该框中输入特定的查询字符后,在封装列表区域中将显示出所有名称中包含设计人员键入的特定字符的封装。如果在该框中键入 * 号,则代表任意字符。

(2) 显示方式设置区域:当在 Component Primitives 元件封装图元区域中单击元件封

装的某个组件时,显示方式设置区域用于设置处于选中状态的元件封装组件的显示方式,可以通过勾选四个复选框来进行设置。

　　　　Mask 复选框:在 PCB 元件封装库编辑器的编辑界面上隐藏所有未选中的组件。

　　　　Select 复选框:使被选中的元件封装组件处于选取状态。

　　　　Zoom 复选框:将被选中的元件封装组件放大到窗口中央位置。

　　　　Clear Existing 复选框:清除上一个被选中的元件封装组件。

　　(3) Components 元件封装列表区域:在该区域显示符合 Mask 查询条件的所有元件封装。选中该区域中的某一个元件封装,则该元件封装将在窗口中央放大显示,同时也显示在封装缩影图区域中。

　　(4) Component Primitives 元件图元区域:本区域列出了选中的元件封装的所有组件的属性,双击任意组件将打开该组件的属性设置对话框来设置该组件的属性。

　　(5) 封装缩影图区域:本区域显示选中元件封装的缩影图形,设计人员可以利用本区域查看元件封装的详细细节。

2.2.7　PCB 元件封装库的图纸属性 ◀

　　在 PCB 元件封装库编辑器中制作元件封装时有两种方法,一种是利用系统的封装向导制作元件的封装,另外一种是手动绘制元件封装。利用系统提供的封装向导绘制元件封装时,一般不需要对 PCB 元件封装库图纸属性的参数进行设置。而手动绘制元件封装时,有时为了提高制作质量和效率,需要对 PCB 元件封装库图纸属性的参数进行设置。图纸参数的设置主要包括设置图纸的尺寸、栅格的大小和栅格的显示方式等。

　　在灰色的 PCB 元件封装库编辑器的工作区上单击鼠标右键,选择命令【Options】→【Library Options】,弹出的 Board Options 对话框用于图纸属性的参数设置,如图 2-22 所示。

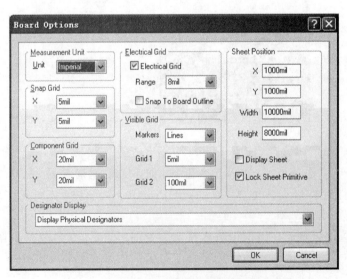

图 2-22　PCB 元件封装库图纸属性对话框

通过该对话框，可以进行 PCB 元件封装库编辑器的图纸参数设置。

（1）Measurement Unit 设置区域：用来设置图纸的单位，单击 Unit 下拉框列表框中的 ☑ 按钮可以选择英制（Imperial）单位或者公制（Metic）单位。

（2）Snap Grid 设置区域：用来设置图纸中的组件移动的最小距离，即使用鼠标移动组件时，鼠标移动组件一次移动的最小距离。

（3）Visible Grid 设置区域：用来设置 PCB 板图纸上可视网格的类型和大小。可视网格的功能主要是方便组件的对齐。该区域包括 Markers 设置项和 Grid 1、Grid 2 设置项这两项设置。

Markers 设置项用来设置可视网格的类型，当 PCB 图纸上的可视栅格为 Lines 时有助于组件的排列和对齐，可视栅格类型切换为 Dots 有助于背景的清晰。

Grid 1、Grid 2 设置项用来设置图纸的第一和第二可视网格。可以在 Grid 1 和 Grid 2 中可以分别设定它们的尺寸，系统默认第一可视栅格的尺寸为 5mil，第二可视栅格的尺寸为 100mil，将 PCB 板工作窗口逐渐放大，就可以显示第一可视栅格，如果一直没有显示，执行菜单命令 Tools→Layers & Colors，注意 System Colors 区域中的选项 Visible Grid 1 后的复选框是否勾选，勾选后即可在 PCB 设计中显示第一可视栅格。

2.3 项目实训——集成元件库的设计与元件制作

本项目以绘制芯片 NE555 和元器件发光二极管为例，首先创建集成元件库项目 MyIntLib.LibPkg，在项目中添加一个新的元件原理图库文件 MySchLib.SchLib 和一个新的 PCB 元件封装库文件 MyPcbLib.PcbLib，其次向元件原理图库 MySchLib 中添加并绘制两个元件，然后向 PCB 元件封装库 MyPcbLib 中添加并绘制两个元件对应的封装，最后编译集成元件库项目 MyIntLib，从而形成自定义的集成元件库文件 MyIntLib.IntLib。通过本项目的实训可以使设计人员掌握自定义集成元件库的设计过程以及元件和元件封装的制作过程，从而使设计人员在以后的设计过程中，可以根据工作需要，逐渐丰富、完善属于自己的集成元件库。

2.3.1 项目参考 ◀

项目选取的是在后续第 3、4 章电路中需要使用到的两个元器件，即 NE555 和发光二极管。市场上芯片 NE555 的封装有两种，一种是通孔直插式封装 DIP8，一种是表面粘贴式封装 SOP8，本项目中 NE555 选用表面粘贴式封装，因为该封装属于形状规则的元件封装，因此项目中采用封装向导生成该元件的封装。发光二极管的封装也有通孔直插式封装和表面粘贴式封装两种，为了对比 NE555 的表面粘贴式封装的制作过程，因此本项目中所用的发光二极管采用通孔直插式封装，需要手动对其封装进行绘制。

NE555 的元件符号、表贴式封装以及元件实物如图 2-23 所示。

发光二极管的元件符号、通孔直插式封装以及元件实物如图 2-24 所示。

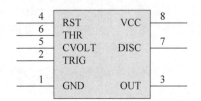
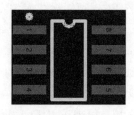

图 2-23　NE555 的元件符号、封装、元件实物

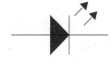

图 2-24　发光二极管的元件符号、封装、元件实物

2.3.2　项目实施过程

步骤 2.1　建立集成元件库项目及添加文件。

首先在"D:\Chapter2"目录下创建一个名为 MyIntLib 的文件夹,然后在 Protel DXP 设计系统的主界面上执行菜单命令 File→New→Project→Integrated Library,由此创建一个新的集成元件库项目,在弹出的 Projects 工作面板上可以直接观察到这个默认名为 Intergrated_Library1. LibPkg 的新建集成元件库项目。

在 Projects 工作面板中该集成元件库项目上单击鼠标右键选择命令 Add New to Project,为该集成元件库项目添加一个新的元件原理图库文件和一个新的 PCB 元件封装库文件,默认名分别为 SchLib1. SchLib 和 PcbLib1. PcbLib。在添加两个文件之后,再将该集成元件库项目以及两个文件分别更名为 MyIntLib. LibPkg、MySchLib. SchLib 和 MyPcbLib. PcbLib,并保存到指定目录 D:\Chapter2\MyIntLib 下,如图 2-25 所示。保存项目和文件后的 Projects 工作面板如图 2-26 所示。

图 2-25　集成元件库项目所在目录　　　　图 2-26　Projects 工作面板

步骤 2.2 制作原理图元件。

本节重点介绍芯片 NE555 的绘制过程,在绘制该芯片时,可以以 DXP 安装路径下 Philips ST Analog Timer Circuit. IntLib 集成元件库中的元件 NE555D 作为参考。

一般制作一个新的原理图元件的具体步骤包括:打开元件原理图库编辑器,创建一个新元件,绘制元件外形,放置引脚,设置引脚属性,设置元件属性,追加元件的封装模型等。

在新建元件原理图库时,系统就已经自动生成了一个新的空白元件 COMPONENT_1,下面以对该元件编辑为例,说明绘制原理图元件的过程,具体的步骤如下。

步骤 2.2.1 绘制原理图元件 NE555 外形。

(1) 鼠标左键单击 Projects 工作面板上 MySchLib. SchLib 选项,进入元件原理图库编辑状态下,如图 2-27 所示。

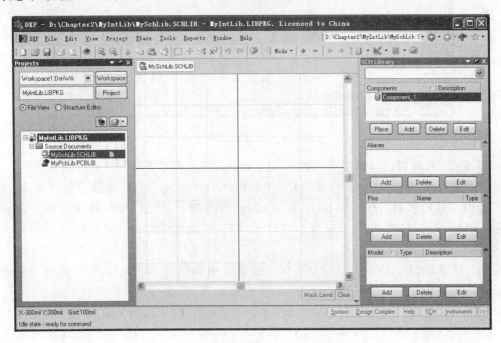

图 2-27　元件原理图库文件编辑器界面

(2) 此时在 SCH Library 工作面板上只有一个默认名为 COMPONENT_1 的元件符号,此时元件符号 COMPONENT_1 呈高亮蓝色状态,说明该元件处于待编辑状态。

(3) 按住 Ctrl+Home 键,使光标跳到图纸的坐标原点。一般在图纸的坐标原点处开始原理图元件的绘制过程。

(4) 元件原理图库图纸属性设置采用默认设置,单位采用 Mils。

(5) 绘制元件的外形,也就是在原理图中看到的元件的轮廓,它不具有电气特性,因此要采用非电气绘图工具来绘制。执行菜单命令 Place→Rectangle,在图纸的坐标原点处开始放置一个矩形。根据设计要求调整矩形尺寸,本项目中设置矩形尺寸为 700mil×800mil (高×宽),如图 2-28 所示。

步骤 2.2.2 添加元件引脚以及设置引脚属性。

绘制了元件的外形之后,接下来需要为该元件添加相应的引脚。所谓元件引脚就是元

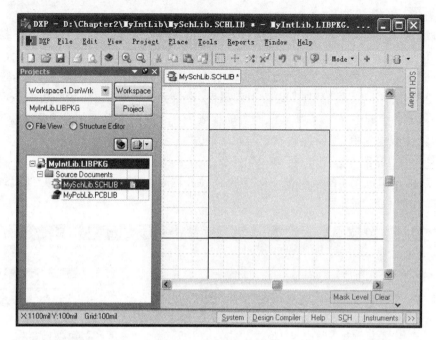

图 2-28　绘制元件外形

件与导线或其他元件之间相连接的地方,是绘制自定义元件中具有电气属性的地方。

（1）执行菜单命令 Place→Pins,在实际的操作中经常使用快捷键（P+P）来启动引脚放置命令。这时引脚出现在光标上,并且随着光标移动。注意,与光标相连的一端是与其他元件或导线相接的电气连接点。注意,元件引脚的电气连接点必须放置在元件外形的外面。

（2）在引脚处于浮动状态下按 Tab 键设置引脚有关属性,按 Tab 键后弹出 Pin Properties 对话框。Pin Properties 对话框如图 2-29 所示,以设置引脚 GND 为例,在 Display Name 选项中输入该引脚的名称 GND,在 Designator 选项中输入唯一确定的引脚编号 1,如果希望在原理图图纸上放置元件时引脚名及编号可见,则勾选设置项后面的 Visible 复选框。此处只设置引脚的名称和编号,对引脚属性设置的详细说明可参考下面内容。

（3）对第一个引脚的基本设置完成后,移动光标到矩形边框上,按照 NE555D 芯片的原理图元件示意图第一个引脚所在的位置,单击鼠标左键放置第一个引脚。注意,引脚上的电气连接点一定要朝外。

（4）放置完第一个引脚后,光标上又自动出现一个新的引脚,在保持系统的默认状态下,引脚的编号会自动加 1,因此设计人员可以按照相同的方法,继续放置元件所需要的其他引脚,并确认引脚的名称、编号正确无误。在实际的设计过程中,每个引脚的位置也可以根据设计人员的需要自行调整。

下面对引脚属性设置进行详细说明。

（1）在 Display Name 输入栏中输入引脚的名称。

（2）在 Designator 输入栏中输入唯一确定的引脚编号。注意,在 DXP 的优先选项中Schematic 选项卡的 General 选项中,Auto-increment During Placement 区域中的 Primary

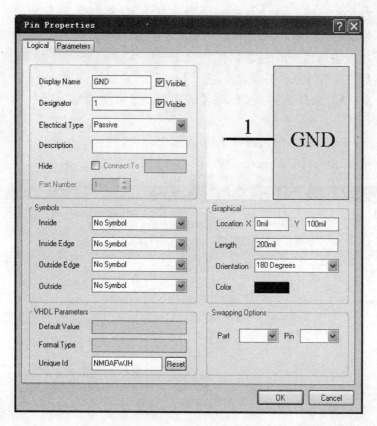

图 2-29 Pin Properties 对话框

输入栏系统默认设置为 1,Secondary 输入栏系统默认设置也是 1。这里 Primary 与引脚的编号相对应,Secondary 与引脚的名称相对应。如果采用系统默认设置,则每次放置引脚的时候引脚标号会自动加 1,如果引脚名称最后一位也是数字的话,则再次放置引脚时,下一个引脚名字的最后一位也会自动加 1。以此类推,如果 Primary 输入栏是 −1,Secondary 输入栏也是 −1,则每次下一个引脚的标号和名字的最后一位数字会自动减 1。

（3）Electrical Type 用来选择设置引脚电气连接的电气类型。当编译项目进行电气规则检查时会用到这个引脚电气类型。例如,Input 为输入端口,Output 为输出端口,IO 为输入/输出端口,Passive 为无源端口,HIZ 为高阻,Power 为电源端口。作为初学者,一般建议所有的引脚电气类型全部设置为 Passive 类型,从而降低设计难度。

（4）Description 输入栏可以对每个引脚做简单的描述。

（5）如果希望隐藏元件中的某个引脚,例如 VCC 引脚和 GND 引脚,单击 Pin Properties 对话框中的 Hide 复选框。如果希望这些隐藏的引脚连接到电路原理图中的某个网络时,则在复选框后的输入栏中输入网络的名称,此时这些隐藏引脚会自动地连接到原理图中的网络。例如:Hide 复选框后面的输入栏为 VCC 时,隐藏的引脚会自动连接到电路原理图中的 VCC 网络。但是注意,如果电路原理图中电源网络名称为其他的名字,如 AVCC,该隐藏引脚就不能自动识别不同名称的电源网络。

（6）在图形区域的 Length 输入栏中设置引脚的长度。例如本例中,设置元件中所有的引脚长度为 200mil。

（7）当引脚出现在光标上时，按下空格键可以以 90°为增量旋转调整引脚方向。记住，引脚上只有一端是电气连接点，必须将这一端放置在元件外侧。

步骤 2.2.3 设置原理图元件属性。

绘制完元件符号的外形和引脚之后，应该设置元件的属性。每一个元件都有相对应的属性，例如元件标号、元件名称、PCB 封装等模型以及其他参数。元件属性的设置步骤如下。

（1）在 SCH Library 工作面板单击左键选中元件符号 COMPONENT_1，然后单击 Edit 按钮，会弹出 Library Component Properties 对话框，如图 2-30 所示。

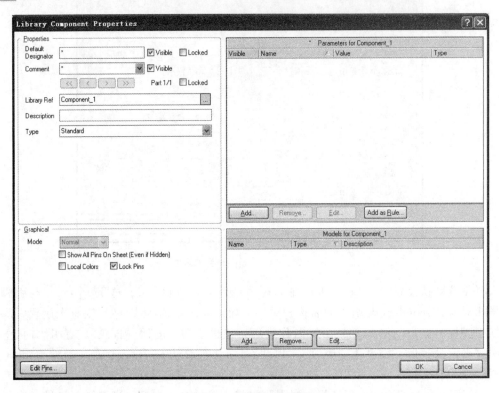

图 2-30　原理图元件属性

（2）Default Designator 输入栏用来设置元件标号，例如：芯片标号通常设置为 U?，电阻标号设置为 R?，电容标号设置为 C?，电感标号设置为 L?，三极管标号通常设置为 Q? 等，这里的问号使得自定义的元件在原理图中放置时，可以使用原理图中的自动注释功能，即元件标号的数字会以自动增量改变，例如：U1、U2、U3 等。这里，NE555 芯片属于集成芯片，因此此处设置为 U?，并确定 Visible 复选框被选中，那么元件标号将在原理图中显示；如果不选中复选框，那么元件标号将不在原理图中显示。

（3）Comment 输入栏用来输入一个简化的元件名称，这里设置为 555。同时在它的右边也有一个 Visible 的复选框，如果选中该复选框，那么简化的元件名称将在原理图中显示。

（4）Library Ref 输入栏是自定义的元件的全名，此处设置为 NE555。

（5）Description 输入栏用来对元件进行简单描述，以便元件的使用者知道芯片的类型和功能,这里根据 NE555D 芯片的性质将 Description 输入栏中内容设置为 General-Purpose Single Bipolar Timer。Description 输入栏的目的是增加元件属性的可读性,这一项不是必需的。

(6) 在 Parameters for Component_1 区域中输入该元件的一些基本设计信息。例如:元件的设计时间、设计公司等。单击该区域的 Add 按钮,弹出 Parameter Properties 对话框,在本例中添加该芯片的设计日期,在 Name 栏输入 Published,在 Value 栏输入 21-May-2016,单击 OK 按钮返回 Parameter Properties 对话框,如图 2-31 所示。

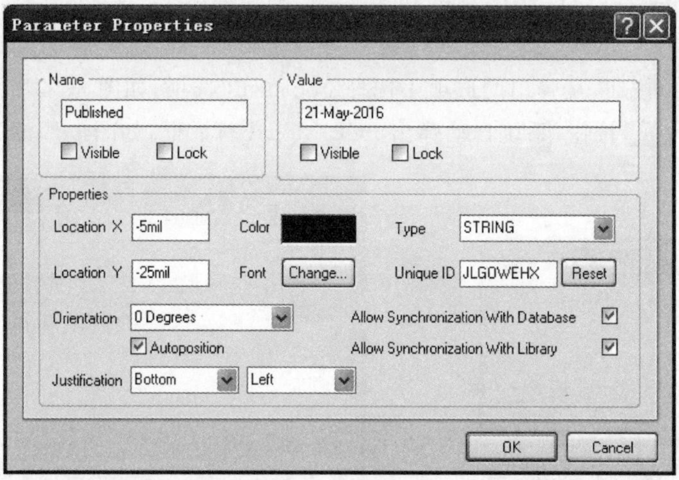

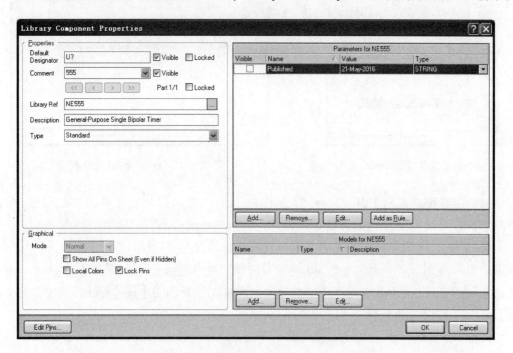

图 2-31   Parameter Properties 对话框

(7) 原理图元件属性设置后的 Library Component Properties 对话框如图 2-32 所示。

图 2-32   设置完成后的原理图库元件属性对话框

步骤 **2.2.4** 添加元件封装。

注意,本项目中的元件"NE555D"的封装也需要自定义,制作元件封装以及关联元件及其封装的方法在后面小节中给出。这里先以添加一个已有元件封装为例,给出为原理图元件添加元件封装的另外一种方法。

(1) 在 Models for Component_1 区域中可以添加自定义元件的各种模型,包括封装模型、信号分析模型和仿真模型等。在元件模型列表的底部有 3 个按钮,它们分别用来对元件的模型信息进行添加、移除和编辑操作。本例中,只对元件封装模型进行添加。单击在 Models for Component_1 区域中的 Add 按钮,弹出 Add New Model 对话框,如图 2-33 所示。

(2) 单击下拉按钮,从弹出的选项中选择 Footprint 选项,如图 2-34 所示。

(3) 单击 OK 按钮,系统自动弹出 PCB Model 对话框,如图 2-35 所示。

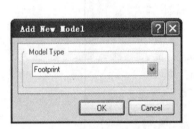

图 2-33　Add New Model 对话框

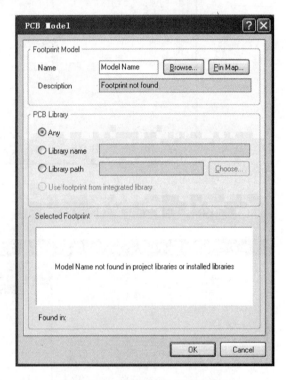

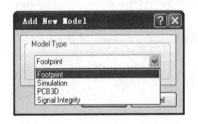

图 2-34　选择"Footprint"选项

图 2-35　PCB Model 对话框

(4) 在系统弹出的 PCB Model 对话框中,设计人员可以进行元件封装的设置,单击 PCB Model 对话框中的 Browse... 按钮,弹出 Browse Libraries 对话框,如图 2-36 所示。

(5) Protel DXP 软件自带库中 NE555D 芯片封装为 SO8,因此,本例中自定义元件的封装也采用 SO8 封装。在 Browse Libraries 对话框中单击 Find... 按钮,弹出 Libraries Search 对话框,在 Libraries Search 对话框空白输入栏内输入 SO8,单击 Search... 按钮,系统会自动搜索名字中包含 SO8 的封装。

注意:查找封装时,一定要注意路径是否设置正确。在 Libraries Search 对话框中的路径范围有两个,一个是 Available Libraries,表示软件启动时自动加载的集成元件库;另一

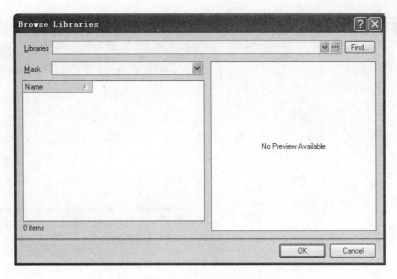

图 2-36　Browse Libraries 对话框

个是 Libraries on path，要求按照指定的路径去搜索元件封装。项目中选择 Libraries on path，并注意路径是否设置正确，即应该是系统中 DXP 软件安装库所在的路径。

（6）如图 2-37 所示，在 Browse Libraries 对话框中查询到了封装 SO8，选择该封装，并单击 　OK　 按钮，回到 PCB Model 对话框，再单击 　OK　 按钮，返回 Library Component Properties 对话框，予以确认并关闭该对话框即完成了元件封装的添加，如图 2-38 所示。

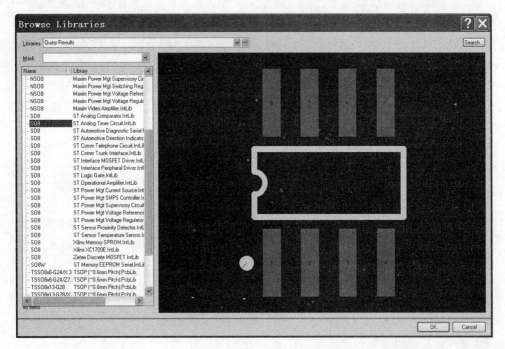

图 2-37　Browse Libraries 对话框

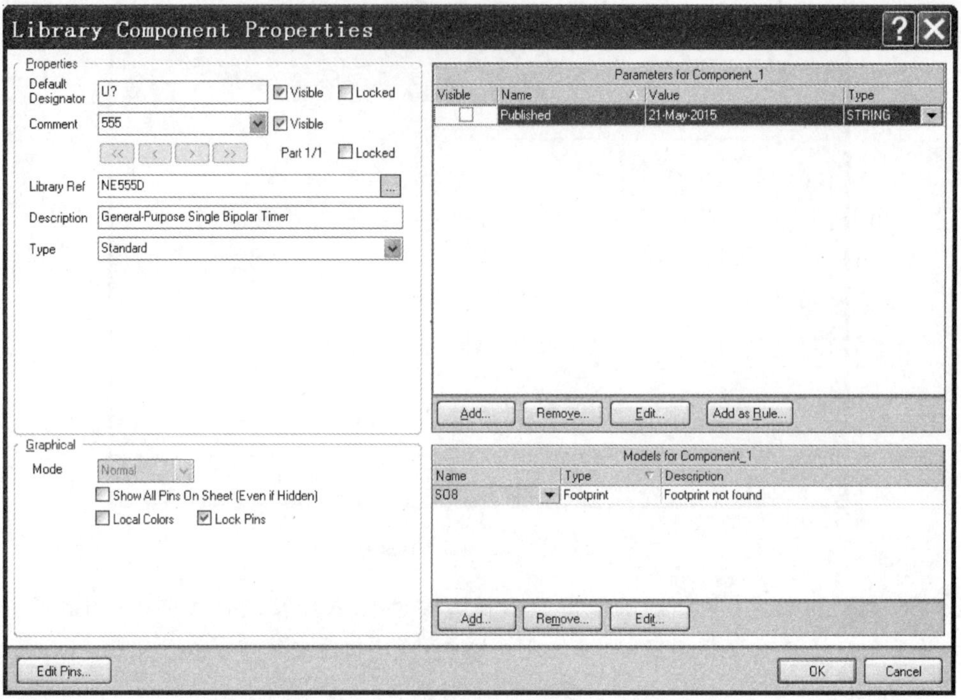

图 2-38　设置完成后的原理图库元件属性对话框

步骤 2.2.5 向元件原理图库中添加其他新元件。

可以根据设计需要继续向元件原理图库中添加新元件,本项目中要求继续添加一个新元件,即发光二极管。

单击 SCH Library 工作面板上的 Add 按钮,向该元件原理图库添加一个新的元件。添加好后,SCH Library 工作面板上显示目前有两个元件,新添加的元件默认名还是为COMPONENT_1,并处于高亮蓝色状态,表示此时新建的 COMPONENT_1 元件处于待编辑状态。对该元件的编辑与前面一致,仍是绘制元件的外形以及放置引脚等操作,这里不再重复。制作的发光二极管如图 2-39 所示。

步骤 2.2.6 编译元件原理图库文件。

上述步骤完成之后,右击 Projects 工作面板中的 MySchLib. SchLib,执行菜单命令 Compile Document MySchLib. SchLib,对元件原理图库文件进行编译。编译后单击鼠标右键,选择菜单命令 Save 保存该元件原理图库文件。

图 2-39　制作的发光二极管

步骤 2.3 制作元件封装。

制作元件封装通常有两种方法,一种是对于形状规则的元件进行封装,一般采用封装向导生成元件封装;而对于一些形状不规则的元件进行封装,一般采用手工创建元件封装比较有效。

步骤 2.3.1 利用封装向导生成元件 NE555 封装。

利用系统的封装向导制作元件的封装,对于标准元件封装的制作是非常便捷的,只需按照系统提供的封装向导一步步输入元件封装的各个参数就可以完成元件封装的制作。但是利用系统提供的封装向导只能创建标准的元件封装。系统提供了 12 种标准的元件封装类型。

Ball Grid Arrays(BGA)类型：球状栅格阵列式类型。

Capacitors 类型：电容器式类型。

Diodes 类型：二极管式类型。

Dual in-line Package(DIP)类型：双列直插式类型。

Edge Connectors 类型：边缘连接式类型。

Leadless Chip Carrier(LCC)类型：无引线芯片装载式类型。

Pin Grid Arrays(PGA)类型：引脚栅格阵列式类型。

Quad Packs(QUAD)类型：方型封装式类型。

Resistors 类型：电阻式类型。

Small Outline Package(SOP)类型：小型封装式类型。

Staggered Ball Grid Array(SBGA)类型：贴片球状栅格阵列式类型。

Staggered Pin Grid Array(SPGA)类型：贴片引脚栅格阵列式类型。

芯片 NE555 的封装有两种，项目中为了对比发光二极管直插式封装的制作，该芯片选用了表贴式封装，但对于第 3 章电路，制板时应改用直插式封装。因此本节以 PCB 封装向导创建 NE555 元件的 8 引脚的 SOP 元件封装为例，介绍利用系统的封装向导制作元件封装的过程，具体操作步骤如下。

（1）单击 Projects 工作面板中的 MyPcbLib.PcbLib，切换到 PCB 元件封装库编辑器界面。

（2）执行菜单命令 View→Work Space Panels→PCB→PCB Library，打开 PCB Library 工作面板，可见在 PCB Library 工作面板中已有一个系统自动生成的、默认名为 PCBCOMPONENT_1 的空白元件封装。在绘制元件封装的整个过程中，为了操作方便，最好一直锁定 PCB Library 工作面板。

（3）执行菜单命令 Tools→New Component，此时会自动弹出 Component Wizard 对话框，如图 2-40 所示。

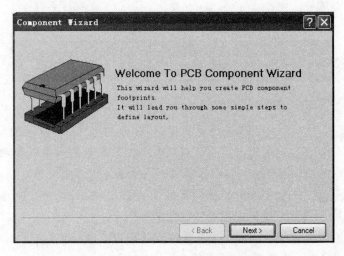

图 2-40　Component Wizard 对话框

（4）单击 Component Wizard 对话框中的 `Next>` 按钮，打开 the pattern of the Component 对话框，如图 2-41 所示，该对话框提示设计人员选择一个元件所需的封装类型，这里选择 SOP(Small Outline Package)封装，单位选择 mil。

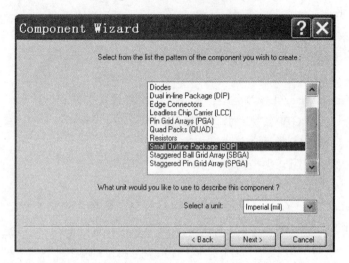

图 2-41　the pattern of the Component 对话框

（5）单击 `Next>` 按钮进行焊盘尺寸的设置，弹出如图 2-42 所示的 Type in the pad dimensions values 对话框。在本项目中，焊盘长度设置为 90mil，宽度设置为 25mil。

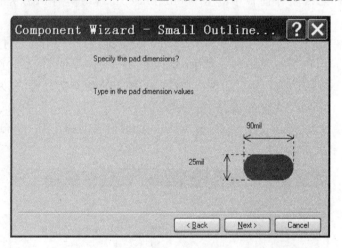

图 2-42　Specify the pads dimensions 对话框

（6）单击 `Next>` 按钮进行焊盘间距的设置，出现如图 2-43 所示的 Type in the pad Spacing values 对话框，设计人员可以在该对话框中设置焊盘的水平间距和垂直间距，在本项目中，焊盘的水平间距设置为 200mil，焊盘的垂直间距设置为 50mil。

（7）单击 `Next>` 按钮选择封装的轮廓线宽度。出现如图 2-44 所示的 Type in the outline width value 对话框，这里采用默认设置 10mil。

（8）设置完轮廓线宽度后，单击 `Next>` 按钮选择焊盘数，出现如图 2-45 所示的 Select the total number of pins 对话框，这里设置为 8 个。

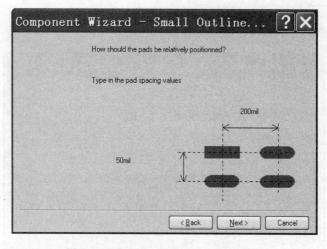

图 2-43 the pad Spacing values 对话框

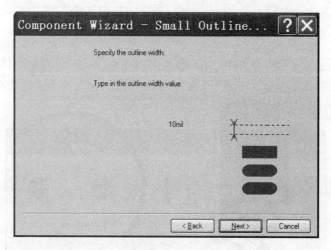

图 2-44 the outline width value 对话框

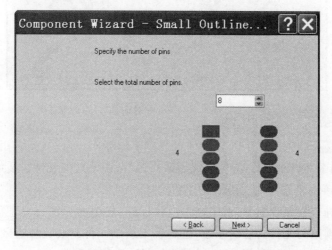

图 2-45 the total number of pins 对话框

（9）单击 Next> 按钮，在弹出的 What is the name of component 对话框中设置元件封装的名称，如图 2-46 所示，采用系统默认设置的名称 SOP8。

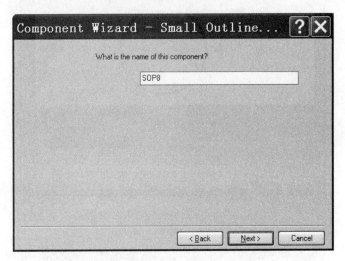

图 2-46　What is the name of component 对话框

（10）单击 Next> 按钮，弹出图 2-47 所示 Finish 对话框，询问是否结束设计过程。如果不需要修改，可单击 Next> 按钮，即完成封装向导的设计过程，如果需要修改，可单击 Finish 对话框中的 <Back 按钮，逐级返回进行修改即可。

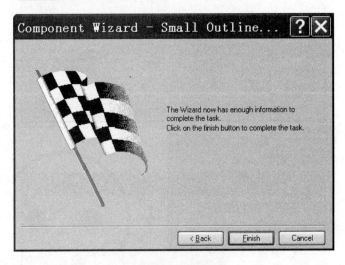

图 2-47　Finish 对话框

（11）单击 Finish 按钮返回 PCB 元件封装库编辑界面，可以看到利用封装向导设计完成的元件封装，如图 2-48 所示。将轮廓线做适当调整，调整后的元件封装如图 2-49 所示。

步骤 2.3.2 手动绘制发光二极管元件的封装。

利用封装向导生成元件封装，对于制作形状标准、规则的元件封装是很方便快捷的，但对于一些形状不规则的元件封装的创建，还是手工绘制元件封装比较有效。本项目中以通孔直插式封装的发光二极管为例，手动对其元件封装进行绘制。

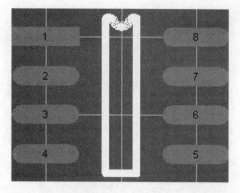
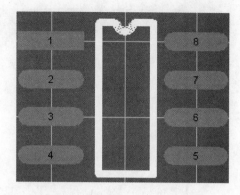

图 2-48　通过封装向导完成的元件封装 SOP8　　　图 2-49　调整元件封装的轮廓线

在 Protel DXP 设计系统中,手动绘制一个发光二极管封装的过程如下:

(1) 注意,在 PCB 工作面板的 Components 元件封装列表区域中仍有一个系统自动生成的、默认名为 PCBCOMPONENT_1 的元件封装符号,因为利用封装向导创建 NE555 元件封装时并未对它进行操作。选中后该元件封装符号呈高亮蓝色状态,说明该元件封装处于待编辑状态。

(2) 此时,PCB 元件封装库编辑器背景默认为灰色,按住 Ctrl 键＋鼠标滚轮向上将背景不断放大,直至出现网格线为止,开始对发光二极管的元件封装进行手动绘制。

(3) 按住 Ctrl＋End 键,使光标跳到工作区的坐标原点。一般在坐标原点附近开始元件封装的设计过程。

(4) 放置焊盘。设置当前工作层面为 Multi-Layer,再单击 PCB Lib Placement 工具栏中的 ◉ 按钮,这时系统将处于放置焊盘的工作状态,鼠标光标将放大成十字形并且光标上粘贴着一个焊盘的虚线框,然后按下 Tab 键弹出焊盘属性设置对话框。

(5) 在弹出的焊盘属性设置对话框中,进行焊盘属性的设置。

焊盘属性设置对话框的 Size and Shape 区域中 X-Size 编辑框用来设置焊盘的水平直径尺寸,Y-Size 编辑框用来设置焊盘的垂直直径尺寸,Shape 下拉框用来设置焊盘的形状。Hole Size 编辑框用来设置焊盘的孔径尺寸。

焊盘属性设置对话框的 Properties 区域中 Designator 编辑框用来设置焊盘的编号,Layer 下拉框用来设置焊盘所需放置的工作层面。一般情况下,直插式元件的焊盘放置工作层面设为 Multi-Layer,表贴式元件的焊盘放置工作层面可设为 Top Layer,Net 下拉框用来设置焊盘所需放置的网络名称,Locked 复选框用来设置是否锁定焊盘。

此处选择焊盘形状为圆形(Round),圆形焊盘外径(X-Size,Y-Size)都设置为 50mil,圆形焊盘内径设置为 30mil。在 Properties 属性设置区域,Designator 设置为 1,表示目前放置的焊盘为第一个焊盘,Layer 设置为 Multi-Layer,其他设置保持不变,如图 2-50 所示。在工作区上单击即可完成第一个焊盘的设计过程。

(6) 放置完第一个焊盘后,PCB 元件封装库编辑器仍然处于放置焊盘的命令状态下,这时可以重复上面的操作来完成下一个焊盘的放置工作。连续放置两个焊盘后,调整发光二极管两个焊盘的间距为 130mil。

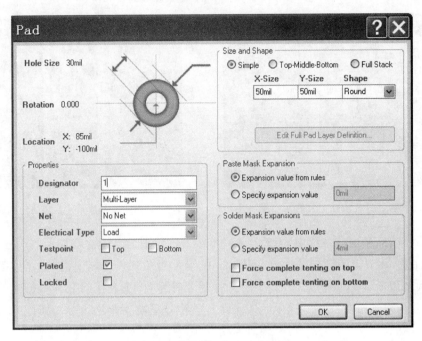

图 2-50　焊盘属性设置对话框

（7）封装轮廓线的绘制。选择当前工作层面为 Top Overlay 层，即可将设计工作层面切换到顶层丝印层。再单击 PCB Lib Placement 工具栏中的 ⊘ 按钮，这时系统将处于放置圆形的工作状态，鼠标光标将变成大十字形，然后以两个焊盘的中心为原点，绘制圆形的轮廓线。鼠标双击放置后的圆形，在弹出的 Arc 的属性设置对话框中修改圆形的属性，设置轮廓线的宽度为 10mil，半径为 150mil，如图 2-51 所示。

（8）因为发光二极管为极性元件，因此需要单击 PCB Lib Placement 工具栏中的 ╱ 按钮，在焊盘 1 旁绘制＋，表示该焊盘对应发光二极管元件引脚的正极。发光二极管的元件封装外观轮廓如图 2-52 所示。

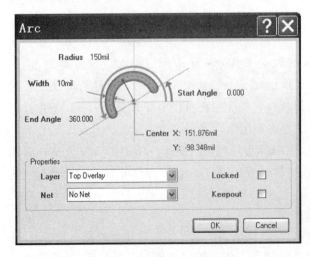

图 2-51　Line Constraints 对话框

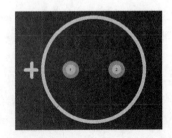

图 2-52　手动绘制的发光二极管的封装

（9）执行菜单命令 Edit→Set Reference→Location，鼠标光标将变成大十字形，移至焊盘 1 中心，单击左键，将焊盘 1 中心设为坐标原点，如图 2-53 所示。

（10）双击 PCB 工作面板的 Components 元件封装列表区域中 PCBCOMPONENT_1 的元件封装符号，弹出 PCB Library Component 对话框，将元件封装名称改为 LED_footprint，如图 2-54 所示。

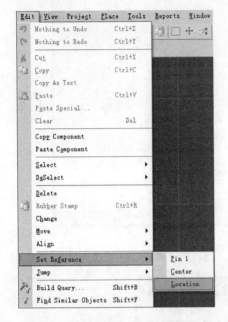

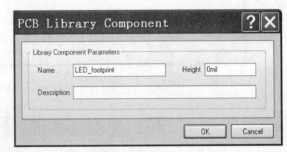

图 2-53　设置焊盘 1 中心为坐标原点　　图 2-54　修改元件封装名称

步骤 2.3.3 编译并保存 PCB 元件封装库文件。

上述步骤全部完成之后，在 Projects 工作面板中 MyPcbLib. PcbLib 上右击，选择命令 Compile Document MyPcbLib. PcbLib，对 PCB 元件封装库文件进行编译。编译后再次单击鼠标右键，选择 Save 命令，将新制作的元件封装保存到当前打开的 MyPcbLib. PcbLib 元件封装库中。

步骤 2.4 关联元件和元件封装。

给原理图库元件添加相应的封装主要有两种方法，一种的方法是利用 SCH Library 工作面板中的 Library Component Properties 对话框来添加元件封装，另一种方法是利用模式管理器来添加元件封装，两种方法都经常使用。第一种方法在前面的步骤中已经介绍过，本节介绍采用模式管理器关联元件以及元件封装的方法。

已知元件原理图库中存在两个自定义的元件，即 NE555 和发光二极管，PCB 元件封装库中也存在两个与元件相对应的自定义的元件封装，本节利用模式管理器为两个元件添加各自对应的封装，具体的操作步骤如下：

（1）在元件原理图库编辑环境下，单击 Utilities 工具栏中的 ▣ 按钮，即启动模式管理器，出现 Model Manager 对话框，如图 2-55 所示。

（2）单击鼠标左键选择对话框左侧 Component 区域中的元件 LED，然后再单击对话框右侧区域中的 `Add Footprint` 按钮，即可弹出 PCB Model 对话框，如图 2-56 所示。

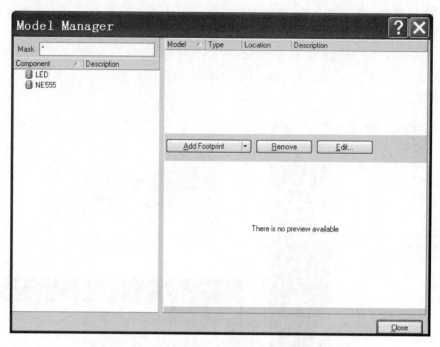

图 2-55　Model Manager 对话框

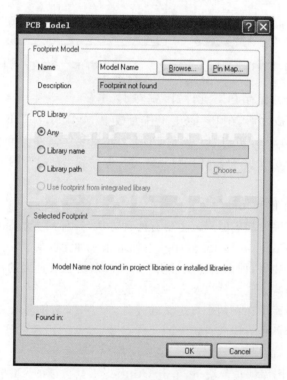

图 2-56　PCB Model 对话框

（3）在 PCB Model 对话框的 Footprint Model 区域中单击 Browse... 按钮，弹出如图 2-57 所示的 Browse Libraries 对话框。

图 2-57　查找元件封装

（4）与元件 LED 对应的封装为 LED_footprint，因此在该对话框中选中该封装，再单击 Browse Libraries 对话框上的 [OK] 按钮后，返回到 PCB Model 对话框下，注意在 PCB Model 对话框中可见发光二极管的封装，如图 2-58 所示。

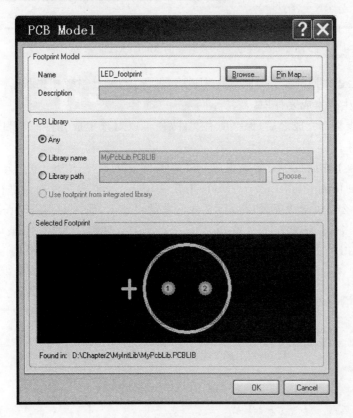

图 2-58　添加了封装的 PCB Model 对话框

（5）再单击 PCB Model 对话框中的 ⬛ OK ⬛ 按钮，元件封装 LED_footprint 就与发光二极管关联到一起，如图 2-59 所示。

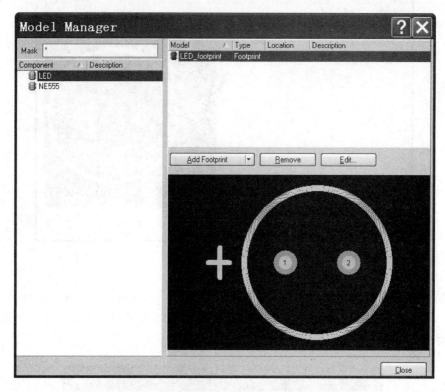

图 2-59　关联元件及封装的 Model Manager 对话框

（6）重复上述相同的步骤，将元件 NE555 的元件与元件封装相关联。

步骤 2.5 生成集成元件库。

在上述的步骤都完成之后，保存所有文件，便可以对该集成元件库项目进行编译，生成集成元件库文件。

在 Projects 工作面板中自定义集成元件库项目文件 MyIntLib. LibPkg 上单击右键，选择命令 Compile Integrated Library MyIntLib. LibPkg，对集成元件项目进行编译。如果编译没有错误，那么在该集成元件库项目文件所在的目录下，即在 D:\Chapter2\MyIntLib 中会自动生成一个名为 Project Outputs for MyIntLib 的文件夹，用来存放文件名为 MyIntLib. IntLib 的集成元件库文件，如图 2-60 所示。

图 2-60　生成的集成元件库文件所在的文件夹

第3章

电路原理图设计

3.1 项目导读

原理图是用来表达电路设计思想的重要工具,设计人员需要通过电路原理图说明电路的相关参数,描述整个电路的电气特性。Protel DXP 2004 SP2 的原理图编辑器提供了强大的电路原理图编辑功能,使用系统提供的原理图编辑器,设计人员可以方便地进行电路设计和绘制,为印制电路板的设计与制作做好准备。

本章的项目是以元件 NE555 与 CD4017 为核心的流水灯电路为背景,介绍了电路原理图设计、绘制的基本过程,包括放置元件以及其他电气对象,修改电气对象的属性,连接各个电气对象,元件注释,电气规则检查以及输出原理图报表等核心步骤。本章通过一个完整的实例使设计人员迅速掌握电路原理图的绘制过程。

3.2 基础知识——电路原理图设计

当设计人员新建或打开一个原理图文件后,系统就进入原理图编辑器的界面,原理图编辑器的界面如图 3-1 所示。

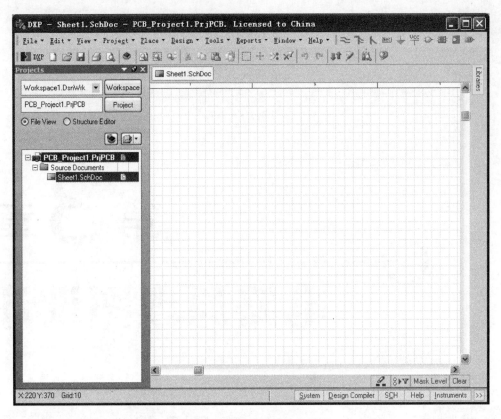

图 3-1　原理图编辑器的主界面

3.2.1　原理图编辑器 ◄

与第 2 章中介绍的元件原理图库编辑器的界面类似,原理图编辑器的界面也是由系统菜单、工具栏、工作区、工作面板、面板控制区等五大部分组成。

1. 菜单栏

原理图编辑器的菜单栏如图 3-2 所示,其主要功能是进行各种命令操作,设置视图的显示方式,放置对象,设置各种参数以及打开帮助文件等。

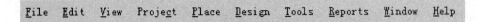

图 3-2　原理图编辑器的菜单栏

(1) File 菜单主要用于文件的管理工作,例如文件的新建、打开、保存、导入、打印以及显示最近访问的文件信息等。

(2) View 菜单主要用于对图纸的缩放和显示比例的调整,以及对工具栏、工作面板、状态栏和命令行等管理操作。

(3) Project 菜单主要用于设计项目的编译、建立、显示、添加、分析以及版本控制等。

(4) Place 菜单主要用于放置原理图中各种对象。

（5）Design 菜单主要用于对原理图中库的操作、各种网络表的生成以及层次原理图的绘制。

（6）Tool 菜单主要用于完成元件的查找、层次原理图中子图和母图之间的切换、原理图自动更新、原理图中元器件的注释等操作。

（7）Report 菜单主要用于生成原理图文件的各种报表，Windows 菜单主要用于对窗口的管理。

2. 工具栏

原理图编辑器界面的菜单栏下也是一些原理图设计中常用的工具栏，设计人员使用这些工具按钮快速地执行设计中常用的各种命令，有助于提高设计人员的工作效率。

执行菜单命令 View → Toolbars，再分别选择其中的 Formatting、Mixed Sim、Navigation、Schematic Standard、Utilities、Wiring 子菜单项便可以打开这些系统工具栏，6 个工具栏如图 3-3 所示。

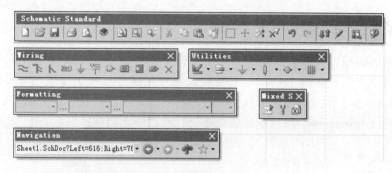

图 3-3　原理图编辑器的工具栏

在这 6 个工具栏中最为经常使用的是 Schematic Standard 工具栏、Wiring 工具栏和 Utilities 工具栏，其中 Schematic Standard 工具栏中各个按钮的功能如表 3-1 所示。

表 3-1　Schematic Standard 工具栏中按钮的功能

按钮	功　　能	按钮	功　　能
	新建文件		打开已有文件
	保存文件		打印文件
	打印预览		开启设备视图
	查看全部对象		放大显示指定区域
	放大选择对象		剪切对象
	复制对象		粘贴
	橡皮图章		在区域内选择对象
	移动选择对象		取消所有对象的选择
	清除过滤		撤销
	恢复		改变设计层次
	交叉探测		浏览元件库
	帮助		

Wiring 工具栏中各个按钮的功能如表 3-2 所示。

表 3-2　Wiring 工具栏中按钮的功能

按　钮	功　能	按　钮	功　能
	放置导线		放置总线
	放置总线入口	Net	放置网络标签
	放置 GND 端口	Vcc	放置电源
	放置元件		放置图纸符号
	放置图纸入口		放置端口
	放置忽略 ERC 检查指示符		

3.2.2　Libraries 工作面板

在原理图编辑环境下最经常使用的工作面板是 Projects 工作面板和 Libraries 工作面板。Libraries 工作面板如图 3-4 所示，它是电路原理图设计过程中使用频率最高的工作面板。通过 Libraries 工作面板可以加载系统自带的集成元件库以及自定义的集成元件库，设计人员可以通过 Libraries 工作面板放置电路设计所需的元器件。

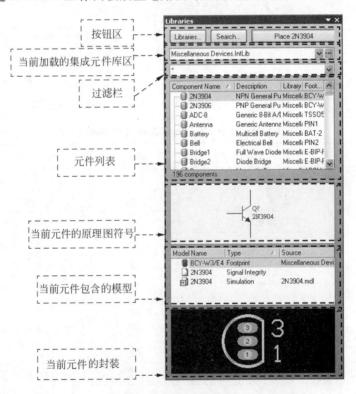

图 3-4　Libraries 工作面板

（1）按钮区包含 3 个按钮，即 Libraries 按钮、Search... 按钮以及 Place 按钮。

① Libraries 按钮主要用于查看系统当前已经加载的集成元件库以及加载集成元件库。

单击 Libraries 工作面板按钮区中的 Libraries 按钮，在弹出的 Available Libraries 对话框的 Installed 选项卡中可以看到系统启动时加载的所有集成元件库文件，如图 3-5 所示。如果没有找到项目所需的集成元件库文件，则单击 Install 选项卡下方的 Install 按钮，从弹出的对话框中选择路径，加载所需的集成元件库即可，如图 3-6 所示。

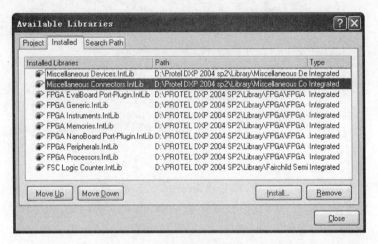

图 3-5　Install 选项卡

图 3-6　选择路径加载集成元件库

② Search... 按钮用于搜索元器件。以搜索元器件 CD4017BCN 为例，单击 Libraries 工作面板上的 Search... 按钮，弹出 Libraries Search 对话框，如图 3-7 所示。在对话框上方的编辑框内输入用于搜索该元件的关键词"4017"，在 Scope 区域中选择 Libraries on path 选项，即要求按指定的路径搜索元件，这里一定要注意，要确保 Path 区域内的 Path 编辑框中输入

的是系统安装时系统自带的集成元件库所在的路径。

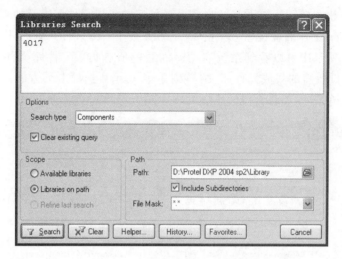

图 3-7　Libraries Search 对话框

在确保搜索路径设置正确之后，单击 Libraries Search 对话框底部的 Search... 按钮，开始进行元件的搜索过程。搜索元件需要花费一定的时间，可以通过 Libraries 工作面板中元件列表区域下方出现的滚动项实时观察到元件搜索的整个过程。搜索过程结束后，在 Libraries 工作面板的元件列表区域中将显示出名称中包含关键词 4017 的所有元件，如图 3-8 所示。

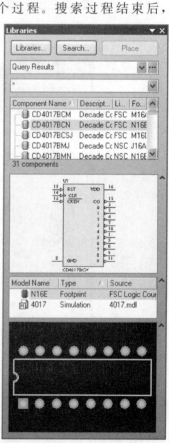

③ Place 按钮用于放置选定的元器件。

（2）过滤栏区域用来输入选择元件的过滤条件。例如在过滤栏中输入 r *，则在元件列表区域显示出名称中含有 r 的所有元器件。

（3）元件列表区域显示当前集成元件库中所有的元器件。

（4）当前元件的原理图符号区域显示当前选定的元器件的原理图符号。

（5）当前元件包含的模型区域给出当前选定元件的封装模型、仿真模型和信号分析模型等信息。

（6）当前元件的封装区域显示出当前选定元件的封装。

3.2.3　原理图图纸的设置 ◄

在开始电路设计之前，一般先对电路原理图图纸相关参数进行设置，以满足设计人员的需要。电路原理图图纸的设置主要包括图纸尺寸、图纸方向、图纸颜色、栅格等。

在原理图图纸的空白处单击鼠标右键，从弹出的右键菜单中选择 Options→Document Options 选项，可以弹出

图 3-8　搜索结果

如图 3-9 所示的 Document Options 对话框。可见,原理图图纸中的设置项与元件原理图库图纸中的设置项相类似,下面介绍图纸属性对话框的 Sheet Options 选项卡的一些常用设置。

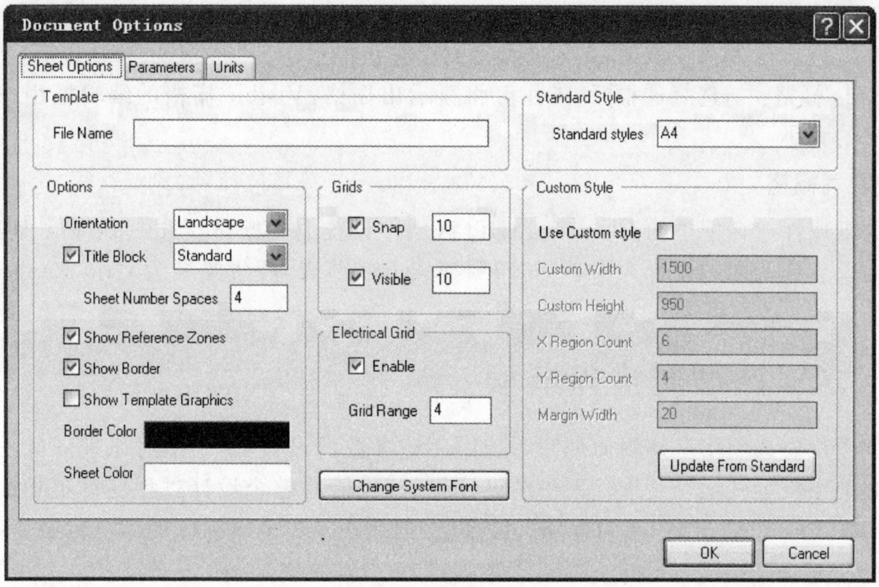

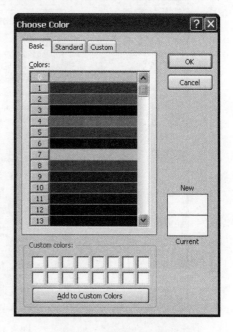

图 3-9　Document Options 对话框

1. 图纸尺寸的设置

图纸尺寸的设置在对话框的 Standard Styles 区域中,在 Standard Styles 下拉列表框中可以设置图纸尺寸。

2. 图纸方向的设置

单击对话框 Options 区域中的 Orientation 下拉列表框可以设置图纸方向,系统提供了两种图纸方向选项,Landscape 选项表示图纸为水平放置,Portrait 选项表示图纸为垂直放置。

3. 图纸颜色的设置

Options 区域中的 Border Color 颜色选择框的功能是用来设置图纸边框的颜色,系统的默认颜色为黑色。如果设计人员想要修改系统默认颜色,只需在右边的颜色框中单击左键就可以弹出如图 3-10 所示的颜色选择对话框,可以从中选择所需颜色。

Options 区域中的 Sheet Color 颜色选择框的功能是用来设置图纸颜色,系统的默认颜色为白色。如果设计人员想要修改图纸默认颜色,采用的设置方法与图纸边框的颜色设置方法完全相同。

图 3-10　颜色选择对话框

4. 原理图栅格

合理设置原理图栅格,可以有效提高绘制原理图的质量。原理图栅格包括 Snap(移动)栅格和 Visible(可视)栅格。

Snap 栅格:勾选复选框后,光标以 Snap 栅格编辑框中的数值为单位移动对象,便于对象的对齐定位。若未选中该项,光标的移动将是连续的。

Visible 栅格:勾选复选框后,工作区将显示出栅格,Visible 栅格的编辑框用来设置可视化栅格的大小。

5. 电气栅格

在图纸属性对话框中的 Electrical Grid 区域中设置电气栅格。选中 Enable 复选框,系统将自动以光标所在的位置为中心,向四周搜索电气节点,搜索半径为 Grid Range 编辑框中设定的数值。

3.2.4 原理图优先选项

原理图优先选项用于编辑原理图时通用环境参数的设置,恰当地对原理图优先选项进行设置有助于更准确地表达设计人员的设计思想,也能使整个设计过程变得更加简便。但是对于初学 Protel DXP 2004 的设计人员来说,建议还是先采用系统的默认设置,等到对该软件的整个设计过程有一定的了解和掌握后,再学习设置原理图的优先选项。

在原理图编辑器界面上执行菜单命令 Tools→Preferences,就会弹出如图 3-11 所示的 Preferences 对话框。Preferences 对话框中 Schematic 选项中共有 9 个选项卡,分别用于设置原理图绘制过程中的各类功能设置项。其中最为经常使用的是前 3 个选项卡,即 General 选项卡、Graphical Editing 选项卡、Compiler 选项卡,而 Grids 选项卡和 Default Units 选项

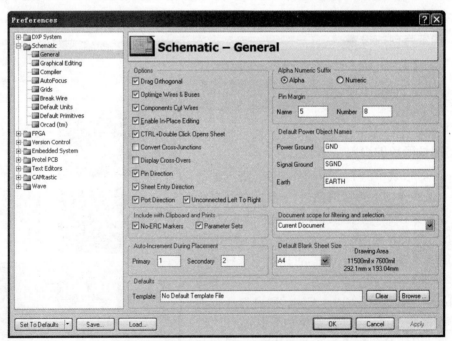

图 3-11 General 选项卡

卡中的常用功能设置项也可以在原理图图纸属性对话框中进行设置。

由于原理图优先选项中 9 个选项卡中涉及的功能过多,本节不能一一做详细的介绍,建议设计人员在进行原理图设计时,尝试逐一修改每个选项卡中的功能设置项来了解它们的具体作用。本节针对 General 选项卡、Graphical Editing 选项卡和 Compiler 选项卡中的常用功能加以说明。

1. General 选项卡

如图 3-11 所示,General 选项卡主要用于原理图编辑过程中的常规设置。

Auto-Increment During Placement 区域用来设置元件及引脚号在自动注释过程中的序号递增量。

在原理图上连续放置元件时,Primary 编辑框用于设置元件自动标注的递增量。例如修改 Primary 编辑框的数值为 2,假如第一个电容元件的标号设置为 C1,那么接下来的电容标号分别为 C3、C5 等。

而在元件原理图库中绘制原理图符号时,Primary 编辑框用于设置元件引脚名称的自动递增量,Secondary 编辑框用于设置元件引脚标号的自动递增量,例如修改 Primary 编辑框中数值为 2,Secondary 编辑框中数值为 3,则连续放置引脚时的效果如图 3-12 所示。

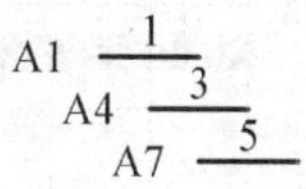

图 3-12　连续放置元件引脚

2. Graphical Editing 选项卡

如图 3-13 所示,Graphical Editing 选项卡主要对原理图中的图形编辑参数进行设置,如鼠标指针类型、后退或重复操作次数等。

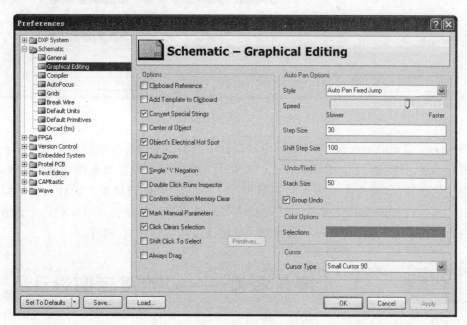

图 3-13　Graphical Editing 选项卡

Cursor 区域用于定义光标的显示类型。Large Cursor 90 项为光标呈 90°大十字形,Small Cursor 90 项为光标呈 90°小十字形,Small Cursor 45 项为光标呈 45°大十字形,Tiny

Cursor45 项为光标呈 45°小十字形,这 4 种光标视图如图 3-14 所示。

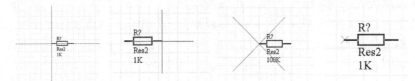

图 3-14　4 种不同的光标类型

3. Compiler 选项卡

Compiler 选项卡主要用于设置原理图编译器的环境参数,如图 3-15 所示。

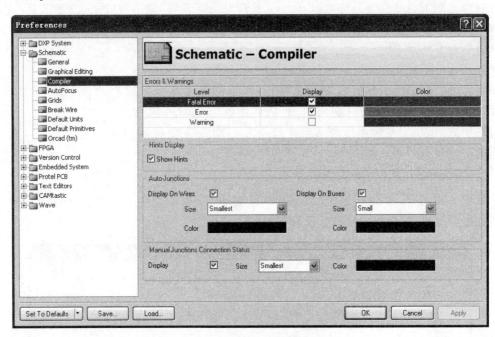

图 3-15　Compiler 选项卡

Errors & Warnings 区域用于提示电路设计中的错误或警告。系统提供 3 种不同的错误和警告等级,分别是 Fatal Error、Error 和 Warning,在绘制原理图或编译原理图时,默认分别用红色、橙色和蓝色波浪线实时提示设计人员相应的错误级别。设计人员可以勾选 Display 栏中的复选框来决定是否实时显示对应级别的错误或警告,Color 栏用于设置错误或警告的颜色。Errors & Warnings 区域一般建议了解,而不建议修改。

3.3　项目实训——电路原理图设计

3.3.1　项目参考

本节将通过一个电路原理图实训项目,使设计人员掌握电路原理图设计的核心过程。

本项目将完成一个流水灯电路原理图的绘制,电路中包含 NE555、CD4017BCN、发光二极管、电阻以及电容等元件。其中元件"NE555"以及"发光二极管"要求加载的是在第 2 章项目实训的元件原理图库 MySchLib. SchLib 中自定义的两个元件,电路中的其余元件要求使用 Protel DXP 软件自带库中的现有元件。最终完成的电路原理图如图 3-16 所示。

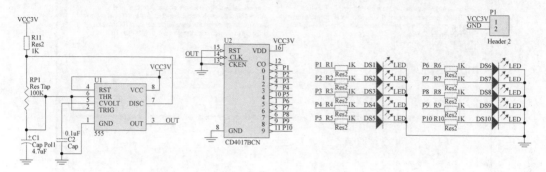

图 3-16　流水灯电路原理图

3.3.2　项目实施过程

步骤 3.1　新建项目。

首先在 D:\Chapter3 目录下创建一个名为"流水灯电路"的文件夹,然后启动 Protel DXP 2004 SP2,进入 Protel DXP 2004 SP2 设计系统。在系统的主界面上执行菜单命令 File→New→Project→PCB Project,创建一个新的 PCB 项目。在弹出的 Projects 工作面板中新建的 PCB 项目 PCB_Project1. PrjPCB 上右击,选择命令 Save Project,将该项目更名为"流水灯电路. PrjPCB"后保存到目录"D:\Chapter3\流水灯电路"中。

步骤 3.2　添加新的原理图文件。

在 Protel DXP 2004 SP2 设计系统的主界面上执行菜单命令 File→New→Schematic,系统自动在当前项目"流水灯电路. PrjPCB"下创建一个新的原理图文件,与此同时,系统将启动原理图编辑器。将新建的原理图文件更名为"流水灯电路. SchDoc"后也保存在目录"D:\Chapter3\流水灯电路"中。

步骤 3.3　设置原理图图纸参数。

保存原理图文件之后,接下来的工作是设置原理图图纸的参数。在当前原理图图纸的空白处单击鼠标右键,从弹出的右键菜单中选择 Options→Document Options 选项,即可打开 Document Options 对话框。

在 Document Options 对话框的 Units 选项卡中选择单位类型为 Imperial Unit System(英制单位),英制单位的基本单位选择为 Mils,如图 3-17 所示。

在 Document Options 对话框的 Sheet Options 选项卡中修改原理图图纸参数。首先在 Grids 区域中,勾选 Snap 复选框,Snap 编辑框的数值设置为 100mil,表明电气对象在图纸上每次移动的距离为 100mil,勾选 Visible 复选框,Visible 编辑框的数值设置为 100mil,表明原理图图纸上可视栅格的尺寸为 100mil。其次设置 Standard Styles(图纸尺寸)为 A4,Orientation(图纸方向)为 Landscape(横向),其余设置项基本保持不变,如图 3-18 所示。

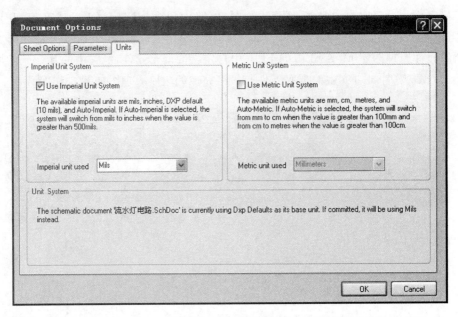

图 3-17　Units 选项卡

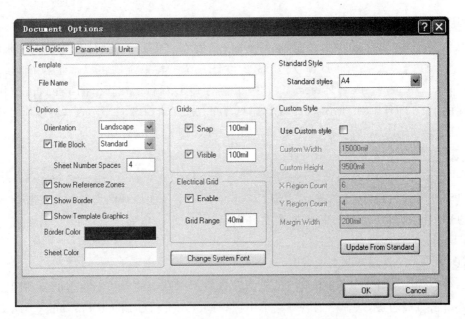

图 3-18　Sheet Options 选项卡

步骤 3.4 放置元件。

在原理图图纸参数设置完成之后，接下来就要进入到电路原理图的一个重要的设计环节，即向原理图图纸上放置各种电气对象。

首先需要向原理图中放置的是构成电路的核心对象——元件。通常电路由少数几个核心元件以及周围的附属元件组成，因此在绘制电路原理图时，首先应放置核心元件。在本设计项目中，电路的核心元件共有两个，分别是元件 NE555 和元件 CD4017BCN，其中元件 NE555 要求使用的是在第 2 章中自定义的元件，元件 CD4017BCN 要求使用的是系统自带库中的已有元件。这里需要注意,系统启动时默认加载的几个集成元件库中并未包含元件 CD4017BCN,因此想放置该元件,则必须查找并加载元件 CD4017BCN 所在的集成元件库。在原理图中放置这两个元件的具体操作步骤如下。

（1）单击原理图编辑器界面右下角面板控制区的 System 标签,选择其中的 Libraries 选项,系统将弹出 Libraries 工作面板,将 Libraries 工作面板锁定在原理图编辑器工作区的右侧。

（2）首先放置自定义元件 NE555。在 Libraries 工作面板上当前加载的集成元件库区域中选择自定义的集成元件库 MyIntLib. IntLib,如图 3-19 所示。注意,如果此时在 Libraries 工作面板上当前加载的集成元件库区域中没有找到自定义的集成元件库,则需要单击 Libraries 工作面板上的 Libraries 按钮,在弹出的 Available Libraries 对话框中的 Installed 选项卡中加载自定义的集成元件库。在自定义集成元件库 "MyIntLib. IntLib"加载之后,就可以在 Libraries 工作面板上的元件列表区中看到该集成元件库中的两个自定义元件,用鼠标左键选中元件 NE555,将其拖曳到图纸上即可。

（3）其次放置元件 CD4017BCN,该元件是系统自带

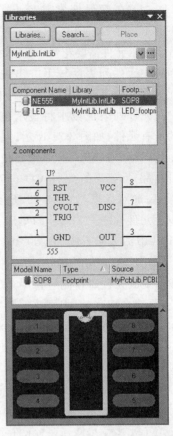

图 3-19　选择自定义的集成元件库

集成元件库 FSC Logic Counter. IntLib 中的元件。单击 Libraries 工作面板上的 Search... 按钮,弹出 Libraries Search 对话框,在对话框上方的编辑框内输入用于搜索该元件的关键词 "4017",在 Scope 区域中选择 Libraries on path 选项,即要求按指定的路径搜索元件,这里一定要注意,要确保 Path 区域内的 Path 编辑框中输入的是系统安装时系统自带的集成元件库所在的路径,如图 3-20 所示。

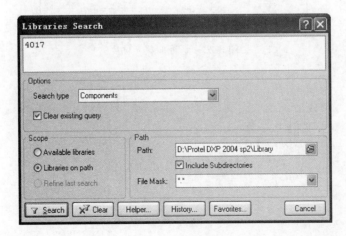

图 3-20　Libraries Search 对话框

（4）在确保搜索路径设置正确之后，单击 Libraries Search 对话框底部的 Search... 按钮，开始进行元件的搜索过程。搜索元件需要花费一定的时间，可以通过 Libraries 工作面板中元件列表区域下方出现的滚动项实时观察到整个元件搜索的过程。搜索过程结束后，在 Libraries 工作面板中的元件列表区域中将显示出名称中包含关键词"4017"的所有元件，如图 3-21 所示。

（5）在 Libraries 工作面板的元件列表区域中找到项目电路所需要的元件 CD4017BCN，双击该元件后弹出 Confirm 对话框，如图 3-22 所示，该对话框提示设计人员，包含元件 CD4017BCN 的集成元件库 FSC Logic Counter .IntLib 尚未被系统加载，并询问是否马上加载。

（6）单击 Confirm 对话框中的 Yes 按钮，即确认加载该集成元件库。此时元件 CD4017BCN 随之出现在光标上，并随光标移动，根据该元件在原理图中的位置，单击鼠标左键即可将该元件放置在原理图图纸上。

（7）两个核心元件放置到原理图图纸上的效果如图 3-23 所示。

在电路的两个核心元件放置完成之后，接着需要放置周边的附属元件。本项目中的附属元件包括电阻、电容、发光二极管等元件，这些元件都是电路设计中最基本、最常用的元件，因此全部可以在系统自带的 Miscellaneous Devices.IntLib 库中找到。但是这里有一点需要注意，在本项目中，发光二极管要求使用的是在第 2 章中自定义的元件。

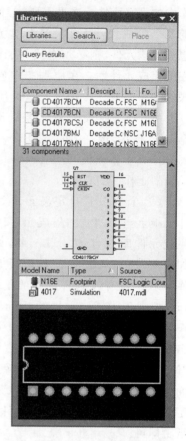

图 3-21　搜索结果

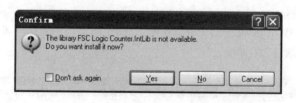

图 3-22　是否加载元件库

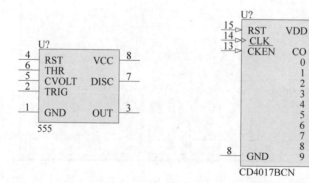

图 3-23　放置电路的两个核心元件

参考给定的电路原理图,找到相应的元件后,将这些元件放置在原理图图纸中合适的位置,元件全部放置后的效果如图 3-24 所示。

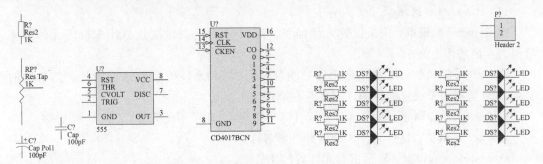

图 3-24　元件全部放置完毕后的电路原理图

步骤 3.5　修改元件属性。

在元件的放置过程中可以根据设计的要求修改各个元件的属性,一般来说,经常修改的属性是元件的标号、数值以及封装。下面以修改电容元件"Cap"的属性为例,讲述元件属性的设置方法。

1. Component Properties 对话框

可以通过 Component Properties 对话框修改元件属性,如果此时电容已经被放置到原理图编辑器的工作区中,双击该电容元件即可打开 Component Properties 对话框,打开的 Component Properties 对话框如图 3-25 所示。如果电容还没有被放置、处于悬浮状态,此时按下键盘上的 Tab 键,同样也可以打开 Component Properties 对话框。

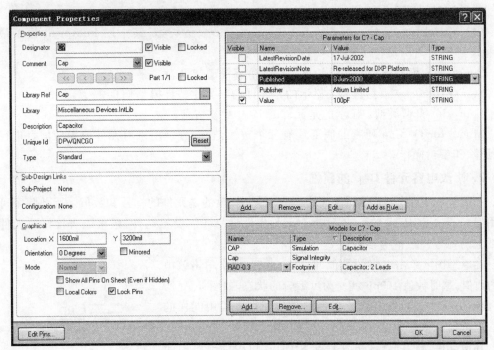

图 3-25　Component Properties 对话框

在 Component Properties 对话框中,可以对元件的属性进行设置。下面是对话框中各区域的具体含义。

(1) Properties 区域。

Designator 编辑框:用来设置元件标号。其右侧的 Visible 复选框用来决定元件的标号是否在原理图上显示。

Comment 编辑框:用来设置元件的注释,通常是对元件的名称进行简化。其右侧的 Visible 复选框用来决定元件的注释是否在原理图上显示。

Library Ref 编辑框:显示元件在元件库中的名称,此项不能修改。

Library 编辑框:显示元件所属的元件库名称。

Description 编辑框:显示出对元件的描述信息。

Unique ID 编辑框:系统指定的元件唯一编号,此项不能修改。

(2) Graphical 区域。

Location X 编辑框:元件在原理图中的 X 坐标。

Location Y 编辑框:元件在原理图中的 Y 坐标。

Orientation 编辑框:用来设置元件的方向,有 0 Degrees、90 Degrees、120 Degrees、270 Degrees 四个选项,后面的 Mirrored 复选框,用来控制元件进行左右翻转。

Show all pins on sheet 复选框:用来指定是否显示隐藏的元件引脚。

Local Color 复选框:用来指定是否使用本地颜色设置,可以对元件的填充颜色、边框颜色和引脚颜色进行个性化设计。

Lock Pins 复选框:用来指定是否锁定元件引脚。

(3) Parameters for C?-Cap 区域用于设置元件的一些基本设计信息,例如元件的数值、元件的设计时间以及设计公司等。

(4) Model for C?-Cap 列表一般包括下列三个模型类型,其中以 Footprint 模型最为常用。

Simulation 模型类型:显示的是元件的仿真模型信息。

Signal Integrity 模型类型:显示的是元件的信号完整性模型信息。

Footprint 模型类型:显示的是元件的 PCB 封装信息。

Model for C?-Cap 列表的底部还有三个按钮,它们分别用来对元件的模型信息进行追加、删除和编辑操作。

2. 修改电容元件 Cap 的属性

一般情况下,对于元件属性来说,最为经常修改的是元件的标号和数值。因此除了可以使用 Component Properties 对话框对元件属性进行详细设置之外,还可以直接修改元件在图纸上的标号和数值等参数。

在原理图上单击电容的数值,间隔一下后,再次单击该电容的数值,这时数值 100pF 就变为可编辑的状态,如图 3-26 所示,此时直接在编辑框中修改电容的数值即可。采用同样的方法也可以直接修改电容的标号以及简称。

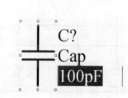

其他元件属性的修改方法完全相同,这里因为电路中的元件标号要采用系统的自动注释功能,因此目前只修改元件

图 3-26　参数处于可编辑状态

的数值以及封装,如表 3-3 所示。

表 3-3　元器件名称、元器件原理图符号、PCB 元器件封装

序　号	元器件名称	元器件原理图符号	元器件数值	PCB 元器件封装
1	NE555	555		SOP8
2	CD4017BCN	CD4017BCN		N16E
3	发光二极管	LED		LED footprint
4	电阻	Res2	1kΩ	AXIAL-0.4
5	电位器	Res Tap	100kΩ	VR5
6	电容	Cap	0.1μF	RAD-0.3
7	电解电容	Cap Pol1	4.7μF	RB7.6-15
8	插针	Header 2		HDR1X2

元件属性修改后的电路如图 3-27 所示。

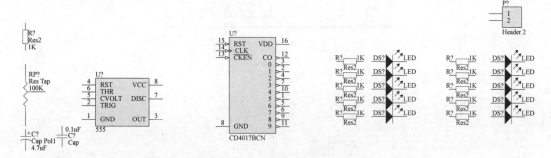

图 3-27　元件属性修改后的电路

步骤 3.6 放置其他电气对象。

在电路原理图中所有的元件全部放置完成后,接下来需要在原理图上放置其他的电气对象,包括放置电源以及 GND 端口、导线、网络标签等电气对象。

1. 放置电源以及 GND 端口

单击 Writing 工具栏中的 ⌶ᴠᶜᶜ 和 ⏚ 按钮,电源 VCC 的名称修改为 VCC3V,表示该电路的供电电压为 3V,然后在电路原理图上放置电源 VCC3V 和 GND 端口,放置后的效果如图 3-28 所示。

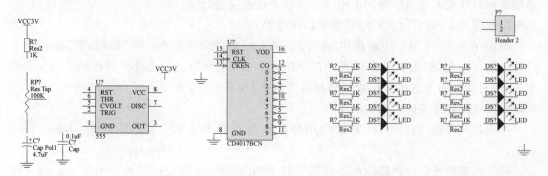

图 3-28　放置电源和 GND 端口后的原理图

2. 绘制导线

导线是原理图设计中最基本的电气对象,电路原理图中的绝大多数电气对象需要用导线进行连接。

单击 Writing 工具栏中的 ≈ 按钮,进入绘制导线状态,此时按下键盘上的 Tab 键,弹出如图 3-29 所示的导线属性对话框,在这里可以对导线属性进行设置。导线的属性比较简单,共包括两个设置项,Color 选项用于选择适合的导线颜色,Wire Width 选项用于设置导线的宽度。本例中导线的属性保持系统默认设置。

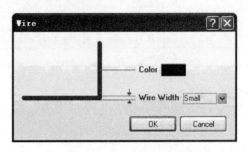

图 3-29　导线属性对话框

导线放置后的电路原理图如图 3-30 所示。

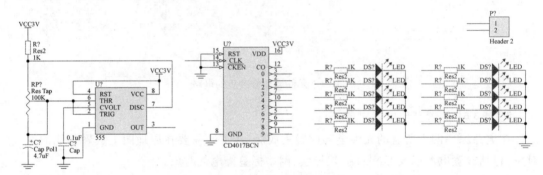

图 3-30　放置导线后的电路

3. 放置网络标签

网络标签是用来描述两条导线或者导线与元件引脚之间的电气连接关系,具有相同网络标签的导线或元件引脚等同于用一根导线直接连接,因此网络标签具有实际的电气意义。在电路原理图中,通常使用网络标签来简化电路。

单击 Writing 工具栏中的按钮 Net 后,光标上面会自动粘贴着一个网络标签,此时按下键盘上的 Tab 键,弹出如图 3-31 所示的网络标签属性对话框,Net Label 对话框分为上下两个部分,对话框的上方用来设置网络标签的颜色、坐标和方向,对话框下方的 Properties 区域用来设置网络标签的名称和字体。

本项目只需在 Net Label 对话框中修改网络标签名字即可,单击 OK 按钮完成设置。

网络标签放置后的电路原理图如图 3-32 所示,至此,电路原理图各个电气对象的放置工作全部结束。

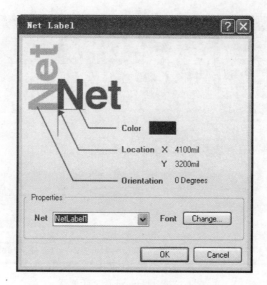

图 3-31　网络标签属性对话框

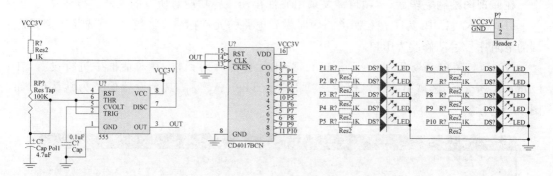

图 3-32　网络标签放置后的电路

步骤 3.7 元件注释。

在绘制电路原理图时,经常会涉及元件注释的问题,元件注释指的是系统根据设计人员的要求自动修改电路原理图中元器件的标号。当然设计人员可以采用手动的方法逐一修改元件标号,但在元件较多的情况下会大大降低工作效率,为设计人员编辑原理图造成了极大的不方便。Protel DXP 2004 SP2 系统提供了元件自动注释的功能,从而保证了在整个项目中所有元件标号保持一定的顺序。

执行菜单命令 Tools→Annotate,弹出如图 3-33 所示的 Annotate 对话框。Annotate 对话框包括四个区域,即 Order of Processing 区域、Matching Options 区域、Schematic Sheets To Annotate 区域、Proposed Change Lists 区域。

其中,Order of Processing 区域中有四种自动注释的顺序可供选择,可以由图示判断出元件标注释的顺序。Proposed Change Lists 区域中的 Current 栏、Proposed 栏以及 Location 栏依次列出元件当前标号、执行自动注释后产生的元件标号,以及元件所在的原理图文件。Schematic Sheets To Annotate 区域用于选择需要自动注释的原理图文件(Schematic Sheet)等。

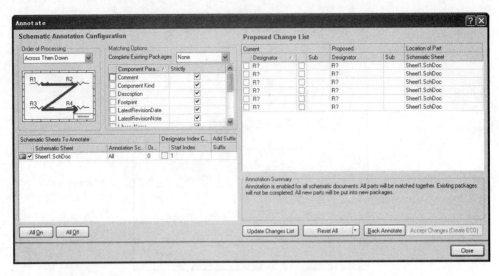

图 3-33　Annotate 对话框

在原理图绘制完毕后，本项目需要采用元件自动注释功能对所有的元件进行注释。

（1）在本项目中，为了在绘制电路板时做到电路的元件标号整齐统一，首先将电路最左端的电阻序号手动修改为 R11。

（2）执行菜单命令 Tools→Annotate，弹出元件注释对话框，在对话框中进行设置，在 Order of Process 区域中的编辑框中选择 Down Then Across，其余设置保持为默认值，如图 3-34 所示。

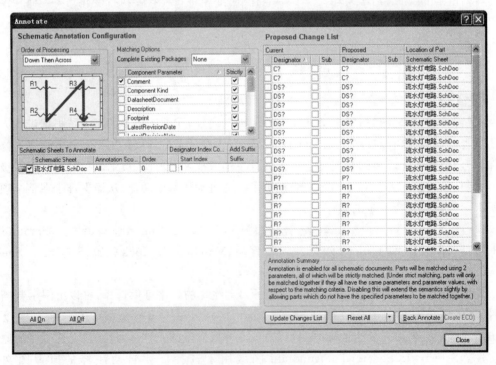

图 3-34　选择 Down Then Across

（3）设置完成后，单击 Update Changes List 按钮，弹出 DXP Information 对话框，提示该电路共有 26 个元件需要注释，如图 3-35 所示。

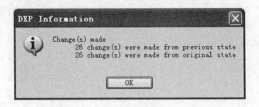

图 3-35　DXP Information 对话框

（4）单击 OK 按钮关闭该对话框，可以看到在 Annotate 对话框中的 Proposed Change List 区域给出了元件注释后新的编号，如图 3-36 所示。

Proposed Change List

Current		Sub	Proposed
Designator △			Designator
C?			C1
C?			C2
DS?			DS1
DS?			DS2
DS?			DS3
DS?			DS4
DS?			DS5

图 3-36　元件被注释

（5）单击 Annotate 对话框中的 Accept Changes (Create ECO) 按钮，弹出 ECO 对话框，如图 3-37 所示，分别单击 Validate Changes 按钮和 Execute Changes 按钮对变化进行检查并执行变化。

Engineering Change Order

E. ▽	Action	Affected Object		Affected Document	Status		
					Check	Done	Message
✔	Modify	DS? -> DS9	In	流水灯电路.SchDc	✔	✔	
✔	Modify	P? -> P1	In	流水灯电路.SchDc	✔	✔	
✔	Modify	R? -> R1	In	流水灯电路.SchDc	✔	✔	
✔	Modify	R? -> R10	In	流水灯电路.SchDc	✔	✔	
✔	Modify	R? -> R2	In	流水灯电路.SchDc	✔	✔	
✔	Modify	R? -> R3	In	流水灯电路.SchDc	✔	✔	
✔	Modify	R? -> R4	In	流水灯电路.SchDc	✔	✔	
✔	Modify	R? -> R5	In	流水灯电路.SchDc	✔	✔	
✔	Modify	R? -> R6	In	流水灯电路.SchDc	✔	✔	
✔	Modify	R? -> R7	In	流水灯电路.SchDc	✔	✔	
✔	Modify	R? -> R8	In	流水灯电路.SchDc	✔	✔	
✔	Modify	R? -> R9	In	流水灯电路.SchDc	✔	✔	
✔	Modify	RP? -> RP1	In	流水灯电路.SchDc	✔	✔	
✔	Modify	U? -> U1	In	流水灯电路.SchDc	✔	✔	
✔	Modify	U? -> U2	In	流水灯电路.SchDc	✔	✔	

| Validate Changes | Execute Changes | Report Changes... | □ Only Show Errors | Close |

图 3-37　ECO 对话框

（6）检查并执行变化的这个过程基本不会产生错误，执行结果如图 3-37 所示，可见在 ECO 对话框中 Status 区域的 Check 栏和 Done 栏都出现表示正确的 ✔ 符号。关闭 ECO 对话框回到 Annotate 对话框，在 Annotate 对话框中的 Proposed Change List 区域中可以看到所有元件已经全部注释完成。

（7）关闭 Annotate 对话框，经过系统自动注释后的原理图如图 3-38 所示。

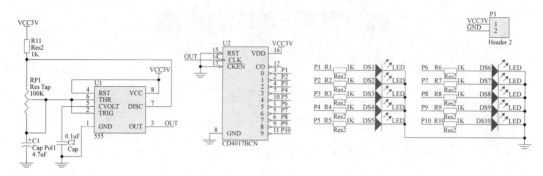

图 3-38　注释后的流水灯电路图

步骤 3.8　电气规则检查。

电气规则检查（Electrical Rules Check，ERC），是通过对项目或原理图文件进行编译操作实现查错的目的。Protel DXP 2004 SP2 提供了多种多样的电气规则检查，几乎涵盖了在电路设计过程中所有可能出现的错误和警告。

在上述电路原理图绘制完成之后，为了确保原理图设计的正确性，就必须对电路原理图中具有电气特性的各个电路进行电气规则检查，以便及时发现并找出电路设计中存在的错误，从而有效地提高设计质量和效率。

在 Protel DXP 2004 SP2 原理图编辑器上执行菜单命令 Project→Compile Document 流水灯电路.SchDoc，或在 Libraries 工作面板中的原理图文件"流水灯电路.SchDoc"上单击鼠标右键，同样选择命令 Compile Document 流水灯电路.SchDoc 来执行项目的编译操作。编译原理图文件后，在 Messages 工作面板上可以看到是否有错误或警告的信息，然后根据这些提示信息对原理图进行修改。编译后的 Messages 工作面板如图 3-39 所示。

Class	Document	Source	Message	Time	Date	No.
[Warning]	流水灯电路.SchDoc	Compiler	Off grid at 7280mil,5400mil	12:20:45	2016-2-16	1
[Warning]	流水灯电路.SchDoc	Compiler	Off grid Pin -1 at 7080mil,5400mil	12:20:45	2016-2-16	2
[Warning]	流水灯电路.SchDoc	Compiler	Off grid at 7280mil,5200mil	12:20:45	2016-2-16	3
[Warning]	流水灯电路.SchDoc	Compiler	Off grid Pin -1 at 7080mil,5200mil	12:20:45	2016-2-16	4
[Warning]	流水灯电路.SchDoc	Compiler	Off grid at 7280mil,5000mil	12:20:45	2016-2-16	5
[Warning]	流水灯电路.SchDoc	Compiler	Off grid Pin -1 at 7080mil,5000mil	12:20:45	2016-2-16	6
[Warning]	流水灯电路.SchDoc	Compiler	Off grid at 7280mil,4800mil	12:20:45	2016-2-16	7
[Warning]	流水灯电路.SchDoc	Compiler	Off grid Pin -1 at 7080mil,4800mil	12:20:45	2016-2-16	8
[Warning]	流水灯电路.SchDoc	Compiler	Off grid at 7280mil,4600mil	12:20:45	2016-2-16	9
[Warning]	流水灯电路.SchDoc	Compiler	Off grid Pin -1 at 7080mil,4600mil	12:20:45	2016-2-16	10
[Warning]	流水灯电路.SchDoc	Compiler	Off grid at 9080mil,5400mil	12:20:45	2016-2-16	11
[Warning]	流水灯电路.SchDoc	Compiler	Off grid Pin -1 at 8880mil,5400mil	12:20:45	2016-2-16	12
[Warning]	流水灯电路.SchDoc	Compiler	Off grid at 9080mil,5200mil	12:20:45	2016-2-16	13
[Warning]	流水灯电路.SchDoc	Compiler	Off grid Pin -1 at 8880mil,5200mil	12:20:45	2016-2-16	14
[Warning]	流水灯电路.SchDoc	Compiler	Off grid at 9080mil,5000mil	12:20:45	2016-2-16	15
[Warning]	流水灯电路.SchDoc	Compiler	Off grid Pin -1 at 8880mil,5000mil	12:20:45	2016-2-16	16
[Warning]	流水灯电路.SchDoc	Compiler	Off grid at 9080mil,4800mil	12:20:45	2016-2-16	17
[Warning]	流水灯电路.SchDoc	Compiler	Off grid Pin -1 at 8880mil,4800mil	12:20:45	2016-2-16	18
[Warning]	流水灯电路.SchDoc	Compiler	Off grid at 9080mil,4600mil	12:20:45	2016-2-16	19
[Warning]	流水灯电路.SchDoc	Compiler	Off grid Pin -1 at 8880mil,4600mil	12:20:45	2016-2-16	20
[Warning]	流水灯电路.SchDoc	Compiler	Net OUT has no driving source (Pin U1-3,Pin U2-14)	12:20:45	2016-2-16	21

图 3-39　Messages 工作面板

注意,只有在出现错误时,Messages 工作面板才会自动弹出,而当只有警告时,Messages 工作面板是不会自动弹出的,设计人员如果需要处理系统提示的警告,必须自己在工作面板控制区调出 Messages 工作面板。

本项目编译后弹出 Messages 工作面板查看警告信息,目前 Messages 工作面板中绝大多数警告都是"off grid"类型,此类型警告共计 10 对,是针对本项目中自定义的元件,即发光二极管的。原因是元件引脚长度导致该元件在原理图中放置时元件引脚没有对齐图纸的格点,由此系统提示警告。对这种类型的警告,可以回到自定义库中调整引脚位置或修改引脚的长度,或者只要保证设计的正确性,可以不做修改。

步骤 3.9 原理图报表。

在原理图绘制并编译完成后,可以根据设计的需要创建各种报表,如网络表和元件清单报表。网络表是原理图设计与 PCB 设计的接口,内容包括对元件属性参数的描述以及对元件网络连接的描述。而元器件报表则整理出一个电路原理图或一个项目中的所有元器件,这些报表方便设计人员对电路进行校对、修改以及元器件的采买等工作。

1. 网络表

执行菜单命令 Design→Netlist for Document→Protel 为原理图文件"流水灯电路"生成网络表,该网络表文件自动保存在目录"D:\Chapter3\流水灯电路\Project Outputs for 流水灯电路"中。与此同时,在 Projects 工作面板该项目下也显示出与项目同名的网络表文件"流水灯电路.NET",如图 3-40 所示,可以看到,在原理图网络表显示的是原理图文件中包含的所有元器件及电气连接。

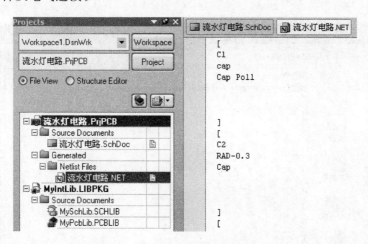

图 3-40 原理图文件的网络表

2. 元件清单报表

执行菜单命令 Reports→Bill of Material,弹出 Bill of Material for Project 对话框,对话框中列出了原理图设计项目中包含的所有元器件,如图 3-41 所示。

单击对话框右下角的 Report... 按钮,在弹出的 Export Preview 对话框中单击 Export... 按钮,系统将弹出保存文件对话框,如图 3-42 所示。

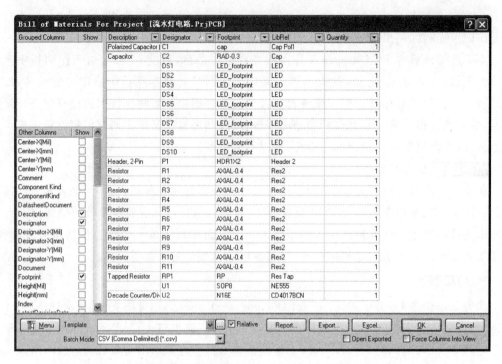

图 3-41 Bill of Material for Project 对话框

图 3-42 保存元器件列表

将该元器件列表文件以 PDF 的形式保存到项目所在的目录下,生成的 PDF 文件"流水灯电路.PDF"的形式如图 3-43 所示。

Report Generated From DXP

Description	Designator	Footprint	LibRef	Quantity
Polarized Capacitor (Radial)	C1	RB7.6-15	Cap Pol1	1
Capacitor	C2	RAD-0.3	Cap	1
	DS1	LED_footprint	LED	1
	DS2	LED_footprint	LED	1
	DS3	LED_footprint	LED	1
	DS4	LED_footprint	LED	1
	DS5	LED_footprint	LED	1
	DS6	LED_footprint	LED	1
	DS7	LED_footprint	LED	1
	DS8	LED_footprint	LED	1
	DS9	LED_footprint	LED	1
	DS10	LED_footprint	LED	1
Header, 2-Pin	P1	HDR1X2	Header 2	1
Resistor	R1	AXIAL-0.4	Res2	1
Resistor	R2	AXIAL-0.4	Res2	1
Resistor	R3	AXIAL-0.4	Res2	1
Resistor	R4	AXIAL-0.4	Res2	1
Resistor	R5	AXIAL-0.4	Res2	1
Resistor	R6	AXIAL-0.4	Res2	1
Resistor	R7	AXIAL-0.4	Res2	1
Resistor	R8	AXIAL-0.4	Res2	1
Resistor	R9	AXIAL-0.4	Res2	1
Resistor	R10	AXIAL-0.4	Res2	1
Resistor	R11	AXIAL-0.4	Res2	1
Tapped Resistor	RP1	VR5	Res Tap	1
	U1	SOP8	NE555	1
Decade Counter/Divider with 1	U2	N16E	CD4017BCN	1

图 3-43　保存为 PDF 文件的元器件列表

步骤 **3.10**　文件保存。

在 Projects 工作面板中当前的项目"流水灯电路. PrjPCB"上单击鼠标右键,将该项目以及项目下的原理图文件"流水灯电路. SchDoc"保存到指定目录"D:\Chapter3\流水灯电路"下。

第 **4** 章

印制电路板设计

4.1　　　　　　　　　　项　目　导　读

　　设计人员根据给定的电路原理图绘制相应的 PCB 图,然后只需将 PCB 图发给制板商或工厂,就可以得到设计所需的印制电路板。因此 PCB 设计是整个设计过程的最后一步,这是一个有难度、需要积累经验的环节。

　　Protel DXP 2004 SP2 的 PCB 编辑器提供了强大的编辑功能,设计人员可以方便地进行印制电路板的设计和绘制,为电路板的加工和后期的焊接调试做好准备。

　　本章的项目以第 3 章中设计的流水灯电路为背景,介绍绘制 PCB 图的基本过程,主要包括导入元件封装以及网络表到 PCB 编辑器中,元件布局,设置网络类,设置布线规则,自动布线,手动调整以及 DRC 检查等核心步骤,本章通过一个完整的实例使设计人员迅速掌握 PCB 图的绘制过程。

4.2　　　　　　　基础知识——PCB 设计

4.2.1　PCB 编辑器　◀

　　与新建一个原理图文件的操作完全相同,设计人员可以通过使用菜单命令新建一个 PCB 文件,即执行菜单命令 File→New→PCB 来创建一个新的 PCB 文件。新建或打开一个

PCB 文件即可进入 PCB 编辑器的界面,如图 4-1 所示,设计人员熟练掌握 PCB 编辑器的操作有助于顺利完成 PCB 的设计。

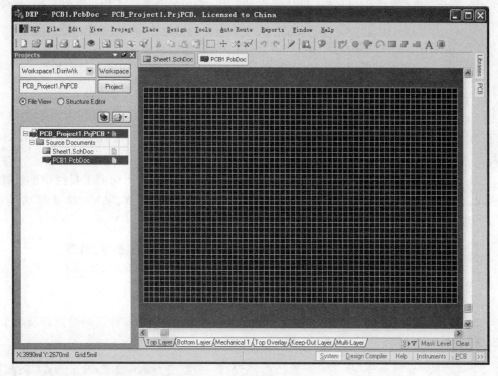

图 4-1　PCB 编辑器的界面

PCB 编辑器的工作界面在整体布局上与原理图编辑器的界面布局完全一致,仍然由菜单栏、工具栏、工作区和各种管理工作面板、命令状态栏以及面板控制区组成,只是相应区域的功能有所不同。

1. 菜单栏

PCB 编辑器的菜单栏如图 4-2 所示,该菜单栏包括了与 PCB 设计有关的所有操作命令。

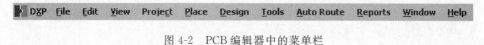

图 4-2　PCB 编辑器中的菜单栏

(1) File 菜单主要用于文件的创建、打开、关闭、保存、打印以及打开最近使用过的文件、项目等操作。

(2) Edit 菜单主要用于对象的选择、复制、粘贴、移动、排列等操作。

(3) View 菜单主要用于视图的操作,以及工作面板和工具栏的控制,状态栏和命令行的显示和隐藏等操作。

(4) Project 菜单主要用于执行与项目有关的各种操作,如编译文件和项目,创建、删除和关闭文件等操作。

(5) Place 菜单用于在 PCB 设计中放置各种电气以及非电气对象。

（6）Design 菜单主要用于导入网络表及元器件封装、设置 PCB 设计规则、设置 PCB 板层颜色、设置对象类，以及生成 PCB 元件封装库等操作。

（7）Tools 菜单为 PCB 设计提供各项设计工具，常用的命令有 DRC、取消布线、元件布局等操作。

（8）Auto Route 菜单用于进行与 PCB 自动布线相关的操作。

（9）Reports 菜单主要用于生成 PCB 设计报表以及执行 PCB 中的测量等操作。

2. 工具栏

PCB 编辑器的工具栏包括 Standard、Navigation、Filter、Wiring、Utilities 5 个工具栏，可以根据需要选择显示或隐藏这些工具栏。在 PCB 设计过程中，最常使用的是 Standard 工具栏和 Wiring 工具栏。

（1）Standard 工具栏：该工具栏中大部分的工具按钮与原理图标准工具栏中的按钮功能相同，包括对文件的操作、对视图的操作以及对象的剪切、复制、粘贴、移动等功能，如图 4-3 所示。

图 4-3　Standard 工具栏

（2）Navigation 工具栏：该工具栏指示文件所在的路径，支持文件之间的跳转及转至主页等操作，如图 4-4 所示。

（3）Filter 工具栏：该工具栏用于设置屏蔽选项，在 Filter 工具栏中的编辑框下选择屏蔽条件后，PCB 工作区只显示满足设计人员需求的对象，如某一个网络或元件等，如图 4-5 所示。

图 4-4　Navigation 工具栏

（4）Wiring 工具栏：该工具栏主要用于在 PCB 编辑环境中设置对象，如放置铜膜导线、焊盘、过孔、PCB 元件封装等电气对象，如图 4-6 所示。

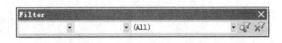

图 4-5　Filter 工具栏

图 4-6　Wiring 工具栏

Wiring 工具栏中各个按钮的功能见表 4-1。

表 4-1　Wiring 工具栏中按钮的功能

按　钮	功　能	按　钮	功　能
	放置导线		放置焊盘
	放置过孔		放置圆弧
	放置填充		放置铜区域
	放置覆铜		放置 PCB 元件封装

（5）Utilities 工具栏：该工具栏中又包括 6 个按钮组，分别为实用工具按钮、对齐工具按钮、查找按钮、放置尺寸按钮、放置 Room 按钮以及栅格设置按钮，如图 4-7 所示，其中最常使用的是实用工具按钮。实用工具按钮用于绘制直线、圆弧等非电气对象，单击实用工具按钮 ，弹出如图 4-8 所示的工具栏。

图 4-7　Utilities 工具栏　　　　　图 4-8　展开实用工具按钮

4.2.2　PCB 工作面板

在 Protel DXP 2004 SP2 的各个编辑器中都提供了一些有助于管理的工作面板，其中 PCB 工作面板是 PCB 设计中独有的且最常使用的工作面板。通过 PCB 工作面板可以观察到电路板上所有对象的信息，还可以对元件、网络以及规则等对象的属性直接进行编辑。

单击 PCB 编辑器右下角面板控制区中的 PCB 标签，选择其中的 PCB 选项，如图 4-9 所示，此时就会弹出图 4-10 所示的 PCB 工作面板。

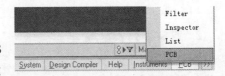

图 4-9　选择 PCB 选项

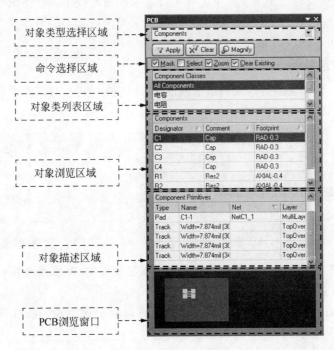

图 4-10　PCB 工作面板

PCB 工作面板包括 6 个区域：对象类型选择区域、命令选择区域、对象类列表区域、对象浏览区域、对象描述区域以及 PCB 浏览窗口，如图 4-10 所示。

本节对 PCB 工作面板的介绍，是以对象类型选择区域中的 Components 类型为例。

1．对象类型选择区域

对象类型选择区域列出 PCB 文件中所有对象的类型情况，如图 4-11 所示。在 PCB 设计中最经常操作的是 Nets 类型和 Components 类型，它们分别表示查看当前 PCB 文件中所有的网络以及元件。

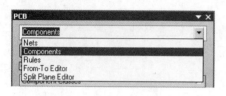

图 4-11　对象类型选择区域

2．命令选择区域

命令选择区域要求选择被查找对象的显示方式。系统提供了以下几种选择方式：

（1）Mask 选项：勾选 Mask 复选框，选中对象将高亮，未选中对象被屏蔽。

（2）Select 选项：勾选 Select 复选框，选中对象处于被选择状态。

（3）Zoom 选项：勾选 Zoom 复选框，选中对象以适合的大小出现在窗口中。

（4）Clear Existing 选项：勾选此复选框，撤销上次操作结果的高亮显示状态。

3．对象类列表区域

在对象类型选择区域选择好所需操作的对象类型后，对象类列表区域列出了该对象类型中包括的所有对象类，如图 4-12 所示。在此区域中，系统提供了以下两个操作：

（1）单击某个对象类，在对象浏览区域中将显示该对象类中包括的所有对象。

（2）查看对象类属性。双击对象类的名称，系统弹出对象类的属性设置对话框，在此对话框中设计人员可以修改对象类的属性。

4．对象浏览区域

如图 4-13 所示，对象浏览区域列出了当前 PCB 文件中某个对象类中所包含的对象，在此区域中，系统也提供了两种操作。

图 4-12　对象类列表区域

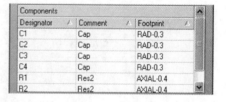

图 4-13　对象浏览区域

（1）定位对象。在对象浏览区域中单击选中需要查看的对象，系统将自动跳转窗口，显示该对象所在的位置。

（2）查看对象的基本属性。双击某个对象也可以显示该对象的属性设置对话框，在该对话中设计人员可以直接修改对象的属性。

5．对象描述区域

对象描述区域列出了在对象浏览区域中被选对象包含的所有组件，在此区域中，系统提供了与对象浏览区域功能完全相同的操作,如图 4-14 所示。

6. PCB 浏览窗口

如图 4-15 所示,PCB 浏览窗口便于设计人员快速查看、定位 PCB 文件工作区中的对象,调整此区域的白色方框的大小可以缩放 PCB 的观察范围。同时,如果移动光标到 PCB 浏览窗口中的白色方框,光标将呈十字形,此时拖动白色方框,可以观察 PCB 的局部细节。

图 4-14　对象描述区域　　　　　　　　　图 4-15　PCB 浏览窗口

对于 PCB 工作面板,建议设计人员熟练掌握,有助于提高 PCB 设计的效率。

4.2.3　PCB 优先选项 ◄

PCB 优先选项主要用于设置 PCB 设计过程中的各类功能设置项,以方便设计人员的操作,同时系统允许设计人员对这些功能进行设置,使其更符合自己的操作习惯。但是一般来说,还是建议采用系统默认设置。

在 PCB 编辑器界面上执行菜单命令 Tools→Preferences,就会弹出如图 4-16 所示的 Preferences 对话框。Preferences 对话框中 Protel PCB 选项中共有 5 个选项卡,分别

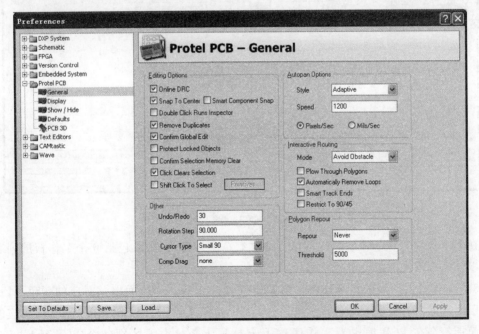

图 4-16　PCB 优先选项对话框

为 General 选项卡、Display 选项卡、Show/Hide 选项卡、Defaults 选项卡、PCB 3D 选项卡。

其中,General 选项卡主要用于进行 PCB 编辑时的通用设置,Display 选项卡用于设置所有有关工作区显示的方式,Show/Hide 选项卡用于设定各类图元的显示模式,Defaults 选项卡用于设置 PCB 编辑器中各类图元的缺省值,PCB 3D 选项卡用于设置 PCB 3D 模型的参数。

4.2.4 电路板的规划设置 ◀

1. 板层和颜色设置

Protel DXP 2004 SP2 提供了不同类型的工作层面,包括信号层、内电层、机械层、屏蔽层、丝印层以及其他层,总共 70 多个工作层面。

进入 PCB 编辑器后,执行菜单命令 Design→Board Layers & Colors 或按下快捷键 L,将弹出如图 4-17 所示的 Board Layers and Colors 对话框。

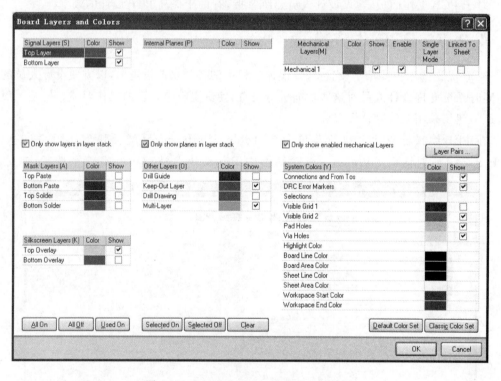

图 4-17 Board Layers and Colors 对话框

在 Board Layers and Colors 对话框中共有 7 个列表设置区,包括 6 个工作板层列表设置区以及一个系统颜色设置区。

6 个工作板层列表设置区分别设置 PCB 中要显示的工作层面以及对应的颜色,每一个工作层面后面都有一个 Color 选择项和一个 Show 复选框,勾选 Show 复选框,则相应的工作层面标签会在 PCB 编辑器工作区的下方显示出来。为了区别各个 PCB 板层,Protel

DXP 使用不同的默认颜色表示不同的 PCB 层。当然设计人员也可根据喜好调整各个层面的显示颜色,鼠标左键单击 Color 选择项,将弹出颜色选择对话框,可以对系统中每一个层面的显示颜色进行设置。

在系统颜色设置区,设计人员可以采用同样的操作定义下列项目的颜色,以及部分设置项显示与否。

Connections and From Tos:PCB 中的电气连接预拉线。

DRC Error Markers:PCB 中的 DRC 检查错误标志。

Selections:PCB 中的选中区域。

Visible Grid1:可视栅格 1。

Visible Grid2:可视栅格 2。

Pad Holes:焊盘中心孔。

Via Holes:过孔中心孔。

Board Line Color:PCB 边框线颜色。

Board Area Color:PCB 区域颜色。

Sheet Line Color:PCB 图纸边框线颜色。

Sheet Area Color:PCB 图纸区域颜色。

Workspace Start Color:工作窗口面板的起始颜色。

Workspace End Color:工作窗口面板的结束颜色。

2. 规划 PCB 的物理边界

一般来说,电路板的物理边界用来限制电路板的外形、外部尺寸以及安装孔位置等;而电气边界则用来限制放置元件和布线的范围。根据两者的定义不难看出,电路板的电气边界一般要小于或等于电路板的物理边界。

在 PCB 编辑器中,确定电路板物理边界的具体步骤为:

(1) 设定当前的工作层面为 Mechanical 1。单击 PCB 编辑器工作区下面的 Mechanical 1 标签,便可将当前的工作层面切换到机械层 Mechanical 1 层面。

(2) 执行菜单命令 Place→Keepout→Track,激活绘制导线命令来绘制 PCB 物理边界,此时鼠标光标将变成大十字形。

(3) 这里设置 PCB 物理边界为矩形,因此要求绘制一个封闭的矩形框,这个矩形框的 4 个顶点坐标分别设置为(2000,4500)、(6500,4500)、(6500,1500)和(2000,1500),可以看出,这里设置的 PCB 的物理边界为 4500mil×3000mil 的矩形。

3. 规划 PCB 的电气边界

电气边界的设定是在禁止布线层(Keep-Out Layer)上面进行的,它的作用是将所有的焊盘、过孔和布线限定在适当的范围之内。电气范围的边界不能大于物理边界,也可将电气边界的大小设置为与物理边界相同。规划电气边界时,单击 PCB 编辑器工作区下面的 Keep-Out Layer 标签,就可以将 PCB 的工作层面切换到禁止布线层。电路板的电气边界的设置方法与设置物理边界类似,这里不再重复介绍。

4.2.5　PCB 设计规则 ◀

如同汽车在路上行驶要遵守交通规则一样,在印制电路板设计中遵循的基本规则就是 PCB 设计规则,在 Protel DXP 2004 SP2 设计系统中,系统提供了便捷的规则设置操作,设计人员可以根据需要自定义设计规则。

系统提供了详尽的 10 个类别的设计规则,覆盖了电气、布线、制造、放置、信号完整性等方面。根据这些规则,系统进行自动布线,在很大程度上,布线是否成功以及布线的质量的高低取决于设计规则的合理性,当然也取决于设计人员的设计经验。另外,系统提供实时设计规则检查(DRC),不管是自动布线还是手动布线,都能对设计中的错误进行实时提示。

系统根据设计规则的适用范围提供了 10 个类别的 PCB 设计规则,分别为:Electrical 电气规则类、Routing 布线规则类、SMT 元件规则类、Mask 阻焊膜规则类、Plane 内部电源层规则类、Testpoint 测试点规则类、Manufacturing 制造规则类、High Speed 高速电路规则类、Placement 布局规则类、Signal Integrity 信号完整性规则类。对于设计人员来说,在 PCB 设计过程中最常操作的规则是 Routing 布线规则类,其次是 Electrical 电气规则类,因此本节重点介绍这两大规则类中常用的设置。

在 PCB 编辑器环境下,在 Protel DXP 的主菜单中执行菜单命令 Design→Rules,系统将弹出如图 4-18 所示的 PCB Rules and Constraints Editor 对话框,从该对话框中可以对当前 PCB 编辑器中的电路板进行设计规则的设置。

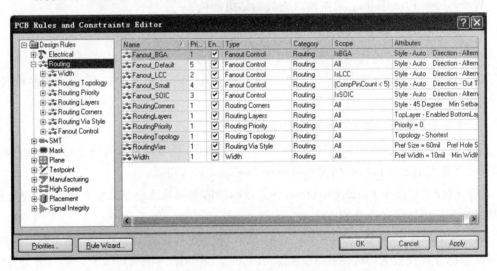

图 4-18　PCB Rules and Constraints Editor 对话框

1. Routing 布线规则类

Routing 布线规则类的主要功能是用来设定 PCB 布线过程中与布线有关的一些规则,它是 DXP 设计规则设置中最重要,也是最常用的规则,规则设置是否合理将直接影响布线的质量和成功率。

在 PCB Rules and Constraints Editor 对话框中,单击对话框左侧区域中的 Routing 布线规则类前的"＋"号,这时布线规则类下的各个规则就会展开。

　　Routing 规则类共包括 7 个规则,分别是 Width(导线宽度)规则、Routing Topology(布线拓扑)规则、Routing Priority(布线优先级)规则、Routing Layers(布线板层)规则、Routing Corners(布线转折角度)规则、Routing Via Style(自动布线过孔)规则和 Fanout Control 规则。

　　下面将对前 6 个布线规则进行介绍,其中以 PCB 设计中最常使用的 Width 规则为例进行重点讲解。

　　1) Width 规则

　　Width 规则主要用来设置 PCB 自动布线时导线宽度。在图 4-18 所示的对话框中,单击 Width 规则前的"＋"号后弹出 Width 规则设置项,单击 Width 规则设置项,此时对话框的右侧将会弹出 Width 规则设置项的设置界面,如图 4-19 所示。

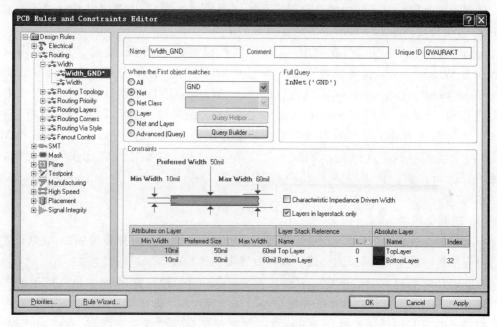

图 4-19　Width 规则

　　在 Protel DXP 的设计规则编辑器中,选中某个规则类下属的具体设计规则后,在设计规则管理器的右部,将会显示对应的设计规则设置页面。通常设计规则的设置页面包括 3 个设置区域,分别是基本属性、适用对象和范围、约束参数。下面以 Width 设计规则的设置页面为例,介绍这 3 个区域的属性。

　　(1) 基本属性

　　设计规则的基本属性包括 Name、Comment 和 Unique ID 3 项,用来定义规则的名称、描述信息和系统所提供的唯一编号。设计人员可以在对应的文本编辑框内设置这些基本属性,在通常情况下,Unique ID 由系统指定,不需要设计人员更改。

　　(2) 适用对象和范围

　　设计规则的适用对象和范围用于指定在进行设计规则检查时的对象范围,在 the First object 对象选项栏下有 6 个单选项来选择规则的适用对象和范围,各项意义如下:

　　All:当前规则设定对于电路板上全部网络有效。

Net：当前设定的规则对电路板上某一个选定的网络有效，设计人员可在选项栏右侧的下拉列表中选择当前的 PCB 项目中已定义的网络名称。

Net Class：当前设定的规则对电路板上某一个选定的网络类有效，设计人员可在选项右侧上方的下拉列表中选择已定义的网络类的名称。

Layer：当前设定的规则对选定的板层中的网络有效，设计人员可在选项栏右侧上方的下拉列表中选择需要设置的 PCB 板层的名称。

Net and Layer：当前规则对选定的某一个层上的某一个网络有效，设计人员可在选项栏的第一个下拉列表中选择 PCB 板层的名称，在第二个下拉列表中选择网络的名称。

Advanced：利用条件设定器，自行定义规则有效的范围。

（3）规则约束参数

规则约束参数设置区域内的选项用于设置规则的具体参数，由于每种设计规则的参数都不相同，所以规则约束设置区域的内容会各不相同。

在图 4-19 所示的 Width 规则中，在基本属性设置区域内，新建的 Width 规则设置项名称为 Width_GND，表示该规则设置项是对 GND 网络的布线宽度进行设置的。在 Where the First object matches 区域内可以看出，Width_GND 规则设置项仅适用于电路板上的 GND 网络。在 Constraints 规则约束参数设置区域内，可以看到，GND 网络的布线宽度的 Min Width 设置为 10mil，Max Width 设置为 60mil，这里，Min Width 和 Max Width 用来设置导线宽度的最小和最大允许值，布线时，只要导线宽度在两者之间，系统就不会提示错误。而系统在自动布线时，系统将按 Preferred Width 中设置的 50mil 进行布线。

（4）规则优先级

不同的规则设置项适用范围不同，当同一个规则中出现多个规则设置项时，规则设置项的适用范围容易产生冲突，因此必须对规则设置项的优先级等级进行设置。

单击设计规则设置对话框中左下角的 Priorities... 按钮，即可弹出如图 4-20 所示的 Edit Rule Priorities 设置对话框，其中优先级的最高级为等级 1。设计人员可以由此优先级设置对话框看出 Width 规则设置项和 Width_GND 规则设置项的优先级等级，在此对话框中，Width 规则设置项优先级高于 Width_GND 规则设置项，设计人员可以单击 Increase Priority 和 Decrease Priority 按钮增加或降低规则设置项的优先级等级。这里，设置 Width_ GND 规则设置项

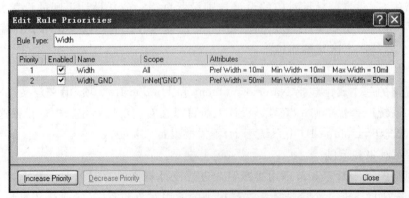

图 4-20　未更改优先级的优先级对话框

的优先级等级为 1，Width 规则设置项的优先级等级为 2，如图 4-21 所示，则系统自动布线时，GND 网络导线宽度被优先设置为 50mil，其他的网络导线宽度为 10mil。

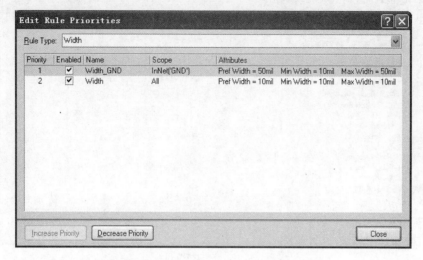

图 4-21　更改优先级之后的优先级对话框

2）Routing Topology 规则

布线拓扑规则用于定义自动布线时同一网络内各元件（焊盘）之间的连接方式，Protel DXP 中常用的布线约束为统计最短逻辑规则，当然用户也可以根据具体设计选择不同的布线拓扑规则。Protel DXP 提供了 7 种布线拓扑规则。

（1）Shortest（最短）布线拓扑规则的布线逻辑是布线时保证所有网络节点之间的连线总长度为最短。

（2）Horizontal（水平）布线拓扑规则的布线逻辑是以水平布线为主，并且水平布线长度最短。

（3）Vertical（垂直）布线拓扑规则的布线逻辑是以垂直布线为主，并且垂直布线长度最短。

（4）Daisy Simple（简单雏菊）布线拓扑规则的布线逻辑是将各个节点从头到尾连接，中间没有任何分支，并使连线总长度最短。

（5）Daisy-MidDriven（雏菊中点）布线拓扑规则的布线逻辑是在网络节点中选择一个中间节点，然后以中间节点为中心分别向两边的终点进行链状连接，并使布线总长度最短。

（6）Daisy Balanced（雏菊平衡）布线拓扑规则是 Daisy-MidDriven 布线拓扑规则中的一种，但要求中间节点两侧的链状连接基本平衡。

（7）Star Burst（星形）布线拓扑规则的布线逻辑是在所有网络节点中选择一个中间节点，以星形方式去连接其他的节点，并使布线总长度最短。

3）Routing Priority 规则

该规则用于设置布线优先级次序，系统提供优先级次序的设置范围为 0～100，数值越大，优先级越高，数值 100 表示布线优先级最高，优先级高的网络在自动布线时将优先布线，因此可以把一些重要的网络设置为级别高的布线优先级。单击此设计规则后，对话框右侧的规则设置界面如图 4-22 所示。

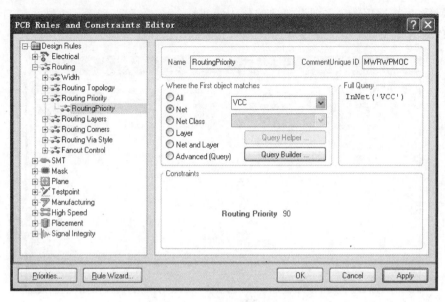

图 4-22　布线优先级设置

　　注意：Routing Priority(布线优先级别)不能和 Width 规则中的 Edit Rule Priorities 弄混，Routing Priority(布线优先级别)是在系统自动布线时，对哪一个网络先进行布线，而 Width 规则中的 Edit Rule Priorities 是指当几个导线宽度规则冲突时，先执行哪一个规则。

　　4) Routing Layers 规则

　　该规则的主要作用是设置布线时哪些信号层可以使用，Where the First object matches 与前面介绍的相同，Constraints 区域给出了当前 PCB 可以布线的层，选中相应层的复选框表示可以在该层布线，如图 4-23 所示。

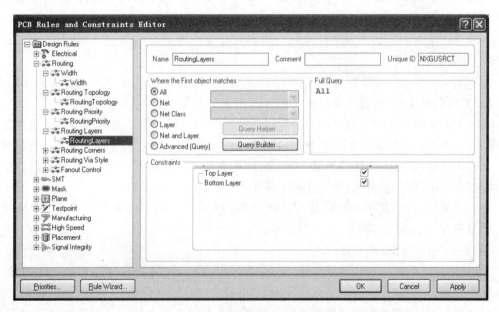

图 4-23　布线板层规则的设置

5）Routing Corners 规则

该规则主要用来设置导线拐角的样式。Constraint 区域有两项设置，Style 区域用于设置拐角模式，有 45°拐角、90°拐角和圆形拐角 3 种，如图 4-24 所示。设计人员尽量不要使用 90°拐角，以避免不必要的信号完整性恶化。

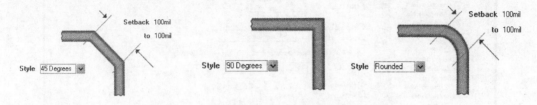

图 4-24　45°拐角布线、90°拐角布线、圆形拐角布线

6）Routing Via Style 规则

该规则用于设置布线中过孔的尺寸，其 Constraint 区域如图 4-25 所示，可以在其中设置过孔直径和过孔内径的大小，两者都包括最大值、最小值和最佳值。设置时需注意过孔直径和过孔孔径的差值不宜过小，否则将不宜于制板加工。

2. Electrical 电气规则类

Electrical 电气规则类是印制电路板在布线时必须遵守的一个电气规则，它包括 Clearance（安全间距）规则、Short-Circuit（短路）规则、Un-Route Net（未布线网络）规则和 Un-connected Pins（未连线引脚）规则等 4 个电气设计规则。

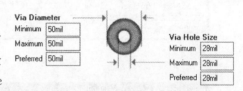

图 4-25　设置过孔尺寸

1）Clearance 规则

该规则用于限制 PCB 中的导线、焊盘、过孔等各种导电对象之间的安全间距。对于印制电路板来说，导电对象之间间距的增加会导致制板面积的增加，但各个导电对象之间的间距也不能过小，必须满足工作中的电气安全要求。

选择 Electrical 规则下的 Clearance 规则，在 PCB 设计规则对话框中的右边视图显示该规则的设置界面，如图 4-26 所示。

在 Where the first object matches 区域和 Where the second object matches 区域中分别选择设置安全间距的两个对象。如图 4-26 所示，在 Where the first object matches 选项区域中选定 GND 网络，在 Where the second object matches 选项区域中选定 ALL 选项，表示是对 GND 网络和所有网络之间的安全间距进行设置。在 Constraints 选项区域设置最小间隙为 10mil，表示设置 GND 网络和所有网络之间的安全间距为 10mil。

2）Short-Circuit 规则

该规则用于设定是否允许 PCB 中的导线短路。在实际电路板设计过程中，一般要避免两类导线短路情况的发生，但有时也需要将不同的网络短接在一起，比如有几个地网络需要短接到一点。如果设计中有这种网络短接的需要，必须为此添加一个新的规则，在该规则中允许短路，即在如图 4-27 所示的 Constraints 区域中勾选 Allow Short Circuit 复选框，并在匹配对象的位置中指明这一规则适用于哪个网络、板层，此时当两个不同网络的导线相连时，系统将不产生报警。一般情况下设计人员不宜选中该复选框。

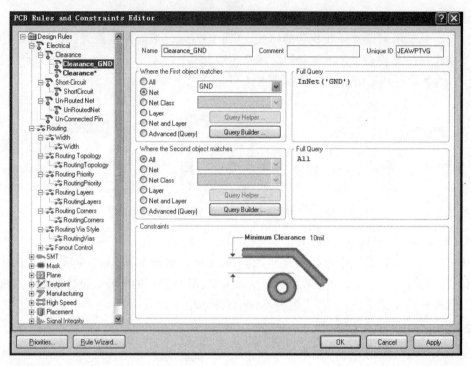

图 4-26　Clearance 规则设置

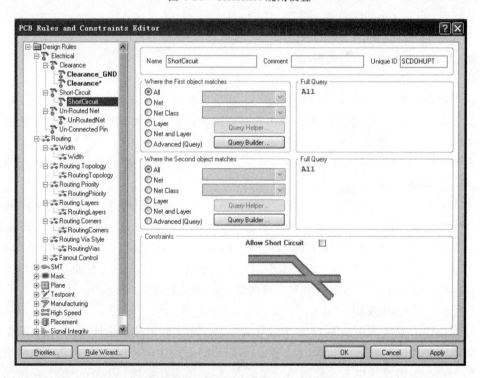

图 4-27　Short-Circuit 规则设置

3）Un-Route Net 规则

该规则用于设定检查网络布线是否完整。设定该规则后，设计者可根据它检查设定范围内的网络是否布线完整。如果网络布线不完整，将电路板中没有布线的网络用飞线连接起来，其对话框如图 4-28 所示。

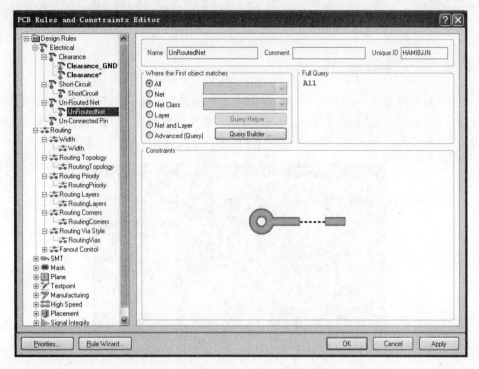

图 4-28　Un-Route Net 规则设置

4）UnConnected Pin 规则

该规则用于设定检查元件的引脚是否连接成功。注意：在这一规则下没有具体的规则设置，说明这个规则不属于一个常用的规则，如果在制板时确实要使用到这一规则，可以自行添加新规则并设定。在 UnConnected Pin 规则上右击自行创建一个规则，结果如图 4-29所示。

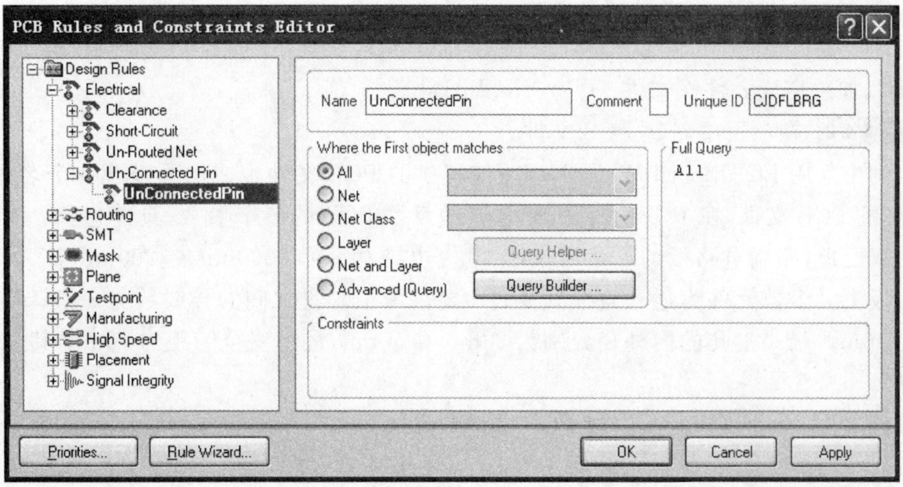

图 4-29　Unconnected Pin 规则设置

4.3 项目实训——PCB 设计

4.3.1 项目参考 ◀

本节项目中以第 3 章项目中的"流水灯电路"以及第 2 章项目中自定义的元件封装为背景,首先介绍将元件以及网络表导入 PCB 的过程,其次对网络类以及电路板规则进行设置,最后给出自动布线以及 DRC 检查的整个过程。流水灯电路的 PCB 图如图 4-30 所示。

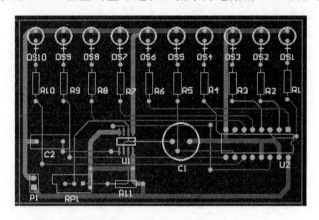

图 4-30　流水灯电路 PCB 图

4.3.2 项目实施过程 ◀

步骤 4.1 加载项目。

在 D 盘的 Chapter4 文件夹下新建一个名为"流水灯电路"的文件夹,将第 3 章中的 PCB 项目"流水灯电路.PrjPCB"及原理图文件"流水灯电路.SchDoc",以及第 2 章制作的集成元件库文件 MyIntLib.IntLib 全部复制到该文件夹下。

启动 Protel DXP 2004 SP2,进入 Protel DXP 编辑界面下,加载 PCB 项目"流水灯电路.PrjPCB",加载集成元件库文件 MyIntLib.IntLib。

步骤 4.2 在项目中新建 PCB 文件。

本例中采用 PCB Board Wizard,即系统提供的 PCB 文件生成向导新建一个名为"流水灯电路"的 PCB 文件,在 PCB Board Wizard 中设置 PCB 的各个参数,具体包括:该印制电路板为双面板,印制电路板的形状为矩形,电气边界设置为 2000mil×3200mil(高×宽);印制电路板上大多数元件为通孔直插式元件;要求两个焊盘之间的导线数为一条;最小导线尺寸为 10mil,最小过孔的内外径分别为 28mil 和 50mil,最小安全间距为 10mil,其余采用默认设置。

通过 PCB Board Wizard 生成 PCB 文件的方法为:

(1) 在 Protel DXP 设计系统的主界面上,单击主界面右下角工作面板控制区的 System 标签,选择其中的 File 选项,则会弹出 File 工作面板。单击 File 工作面板中 PCB Board

Wizard 选择项，弹出 PCB Board Wizard 生成向导对话框，按照生成向导的步骤，根据 PCB 的要求依次设置该 PCB 的参数。

（2）我们注意到，采用 PCB Board Wizard 生成的 PCB 文件属于自由文档，如图 4-31 所示，单击该文件，并将它拖到"流水灯电路"项目下。在新建的 PCB 文件上右击，将其更名为"流水灯电路.PcbDoc"并保存在路径"D:\Chapter4\流水灯电路"下。

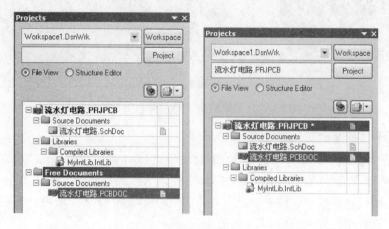

图 4-31　Projects 工作面板

步骤 4.3　将设计导入到 PCB。

（1）在 PCB 编辑器的菜单中执行 Design→Import Changes from 流水灯电路.PrjPCB 命令，打开 Engineering Change Order 对话框，依次单击 Engineering Change Order 对话框中 Validate Changes 按钮和 Execute Changes 按钮，应用更新后的 Engineering Change Order 对话框如图 4-32 所示。

Engineering Change Order					
Modifications				**Status**	
Enable	Action	Affected Object		Affected Document	Check	Done	Message
☐ Add Component Classes					
☑	Add	流水灯电路	To	流水灯电路.PCBDOC	✓ ✓
☐ Add Components[27]					
☑	Add	C1	To	流水灯电路.PCBDOC	✓ ✓
☑	Add	C2	To	流水灯电路.PCBDOC	✓ ✓
☑	Add	DS1	To	流水灯电路.PCBDOC	✓ ✓
☑	Add	DS10	To	流水灯电路.PCBDOC	✓ ✓
☑	Add	DS2	To	流水灯电路.PCBDOC	✓ ✓
☑	Add	DS3	To	流水灯电路.PCBDOC	✓ ✓
☑	Add	DS4	To	流水灯电路.PCBDOC	✓ ✓
☑	Add	DS5	To	流水灯电路.PCBDOC	✓ ✓
☑	Add	DS6	To	流水灯电路.PCBDOC	✓ ✓
☑	Add	DS7	To	流水灯电路.PCBDOC	✓ ✓
☑	Add	DS8	To	流水灯电路.PCBDOC	✓ ✓
☑	Add	DS9	To	流水灯电路.PCBDOC	✓ ✓
☑	Add	P1	To	流水灯电路.PCBDOC	✓ ✓
☑	Add	R1	To	流水灯电路.PCBDOC	✓ ✓
☑	Add	R10	To	流水灯电路.PCBDOC	✓ ✓

Validate Changes　Execute Changes　Report Changes...　☐ Only Show Errors　　Close

图 4-32　应用更新后的 Engineering Change Order 对话框

（2）单击 Engineering Change Order 对话框中的 ▭Close 按钮，关闭该对话框，至此，原理图中的元件和网络表就导入到 PCB 中了，如图 4-33 所示。

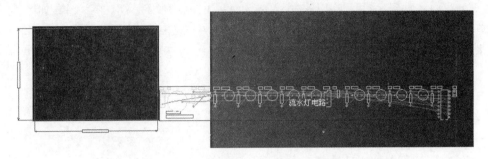

图 4-33　元件和网络表导入到 PCB 编辑器

步骤 **4.4** 元件布局。

从原理图更新到 PCB 后，在 PCB 编辑器的工作区中包括一个 Room 框，在 Room 框中包括电路中的所有元件，为了方便元件布局，先将该 Room 框删除。然后单击 PCB 图中的元件，按照下图所示将各个元件一一拖放到 PCB 中的 Keep-Out 区域内。本项目中要求所有元件处于顶层，布置完成后的 PCB 如图 4-34 所示。

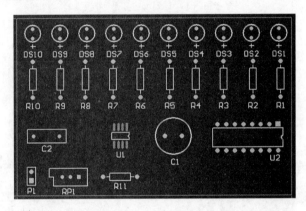

图 4-34　在 PCB 顶层进行元件布局

绘制 PCB 时，在执行移动 Room 空间、移动元器件等操作后，PCB 的显示界面上会出现残留的图形、斑点或者线段变形等现象，虽然这些问题对 PCB 的设计不会产生影响，但是为了美观起见，还是需要对视图刷新，使用键盘上的 END 键可以刷新 PCB 图。

步骤 **4.5** 设置网络类。

在对电路板进行自动布线之前，需要对电路板布线规则进行设计，为了快速设置布线规则，最好先将具有相似属性的网络归为一类，即设置网络类。本项目中，要求建立一个名为 POWER 的网络类，将所有的电源网络和地线网络归为 POWER 网络类中，即项目中的 POWER 网络类包含电源网络 VCC3V 以及 GND 网络。

（1）在 PCB 编辑器的主菜单上执行菜单命令 Design→Classes，即可进入对象类设置对话框。

（2）在 Net Classes（网络类）项上单击鼠标右键，选择右键菜单中的 Add Classes 项，产生一个新的"网络类"，将其重命名为 POWER。

（3）将 Non-Members 列表区中的网络 VCC3V 以及 GND 网络添加到 Members 列表区中，即可完成对新的 POWER 网络类的添加。

（4）关闭该对话框即可完成网络类设置，如图 4-35 所示。

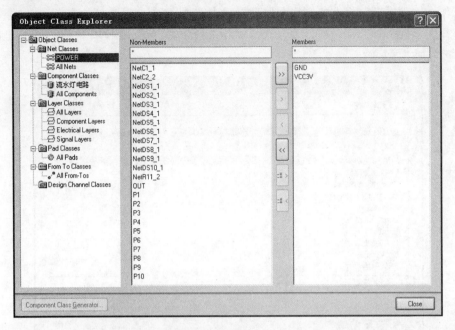

图 4-35　网络类的设置

步骤 4.6 设置电路板布线规则。

在本项目中只对 PCB 中导线宽度规则进行设置，其他规则均采用系统默认值。使用布线规则分别设置 PCB 中 POWER 网络类的导线宽度为 50mil，信号线宽度为 10mil，如图 4-36 所示。

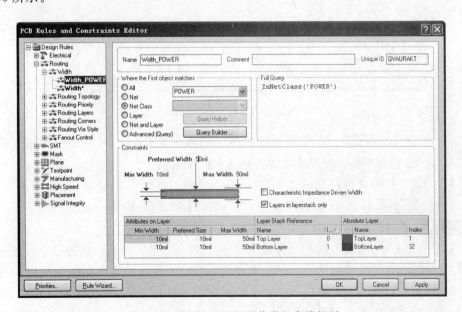

图 4-36　设置 POWER 网络类的布线规则

步骤 **4.7** 自动布线。

所谓自动布线是 PCB 编辑器内的自动布线系统根据设计人员设定的布线规则，依照一定的拓扑算法，按照事先生成的网络自动在各个元件之间进行连线，从而完成印制电路板的布线工作。本例中电路板上的布线采取顶层垂直布线、底层水平布线。

（1）执行菜单命令 Auto Route→All，执行该命令后，系统弹出如图 4-37 所示的自动布线器策略对话框。

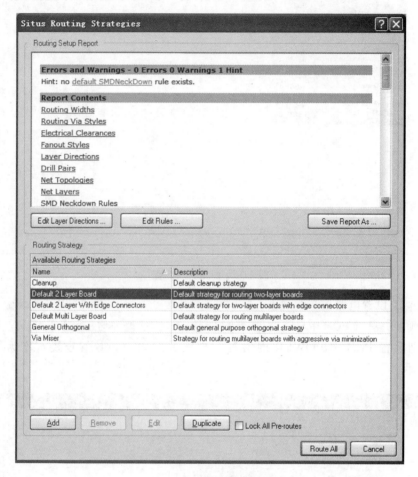

图 4-37　布线策略的选择

（2）单击 Edit Layer Directions... 按钮，系统弹出如图 4-38 所示的 Layer Directions 编辑方向对话框。在此可以选择自动布线时按层布线的布线方向。本例中印制电路板为双面板，只有顶层和底层，因此选择保持顶层为垂直布线（vertical），底层为水平布线（horizontal）。

（3）单击 Route All 按钮，开始自动布线，自动布线后的 PCB 图如图 4-39 所示。

步骤 **4.8** 手动调整自动布线。

尽管 Protel DXP 提供了强大的自动布线功能，但是自动布线后可能还是会存在一些令人不满意的地方，尤其是在电路板比较复杂时更为明显。为了使得电路板上的布线更加合理美观，就需要在自动布线的基础上进行手动调整。当然对于一些小型电路板的 PCB 设计来说，设计人员也可以不使用系统提供的自动布线功能，直接采用手动布线的方法对电路板

图 4-38　Layer Directions 对话框

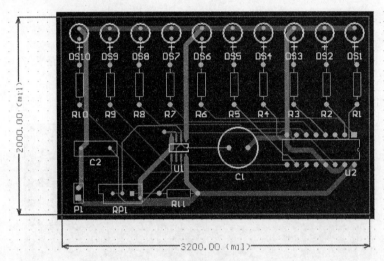

图 4-39　自动布线生成的 PCB 图

进行布线即可。

　　观察自动布线的结果,由于元件布局比较合理,Protel DXP 自动布线效果还是比较不错的,但是有些导线走线布置得可能不合理,所以还要对自动布线的结果进行手动调整。

　　步骤 4.9 对地线覆铜。

　　覆铜操作一般是在完成布局、布线操作以后进行的操作。所谓覆铜就是在印制电路板上没有铜膜导线、焊盘和过孔的空白区域铺满铜箔,目的是提高电路板的抗干扰能力,也可用于散热,而且还能提高电路板的强度。覆铜的对象可以是电源网络、地线网络和信号线等,通常的 PCB 电路板设计中,对地线网络进行覆铜比较常见。一般情况下,将所铺铜膜接地,即与地线相连接,可以增大地线网络的面积,可以提高电路板的抗干扰性能和过大电流的能力,也可以提高电路板的强度。

　　对自动布线后的 PCB 电路板的地线网络进行覆铜操作。

　　(1) 单击 Wiring 工具栏中的放置覆铜按钮 ,系统将会弹出 Polygon Pour 对话框。

　　(2) 本例中分别在 Bottom Layer 层和 Top Layer 层覆铜。覆铜的属性设置为:采用实心填充模式,覆铜与 GND 网络连接,选择 Pour Over All Same Net Objects 选项,并确认选

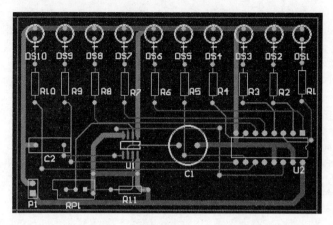

图 4-40　手动调整布线后的 PCB 图

中 Remove Dead Copper 选项。

（3）本例中，覆铜的区域与 PCB 的电气边界设为一致，即沿着电路板的电气边界画一个封闭区域，将整个电路板包含进去。

对电路板顶层以及底层分别进行覆铜，顶层覆铜后的效果如图 4-41 所示。

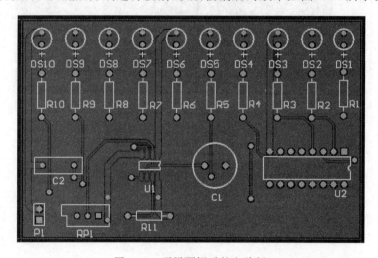

图 4-41　顶层覆铜后的电路板

步骤 4.10 DRC 检查。

在完成 PCB 的布线工作后，为了确保所设计的 PCB 满足设计者的需要，设计人员必须要对所设计的 PCB 进行规则检查。

对于电路简单且元件较少的 PCB 来说，因为系统会以高亮绿色提示错误，所以熟练的设计人员可以直接观察到设计中的错误出现的位置和原因。但是对于复杂的 PCB 设计和初学的设计人员来说，单纯采用这种观察的方法很难确定和排除设计中产生的错误。基于这个原因，系统为设计人员提供了功能强大的设计规则检查功能。经过 DRC 检查，设计人员可以通过 DRC 文件直观地了解到 PCB 违反设计规则的详细的位置、原因以及数目。

（1）执行菜单命令 Tools→Design Rule Checker，打开设计规则检查对话框，如图 4-42 所示。

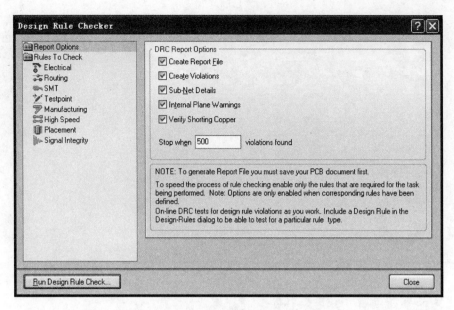

图 4-42　Design Rule Checker 对话框

（2）执行命令按钮 <u>Run Design Rule Check...</u>，即可对设计的 PCB 进行 DRC 检查。

设计规则测试结束后，系统自动生成"流水灯电路.DRC"文件，查看检查报告，如图 4-43 所示。系统设计中不存在违反设计规则的问题，系统布线成功。

图 4-43　检查报告网页

<u>步骤 **4.11**</u> 保存文件。

单击保存工具按钮 🖬，保存 PCB 文件到指定目录"D:\Chapter4\流水灯电路"下。

第 5 章

直流电源电路设计

引　言

　　人类社会已经进入工业经济时代,高新技术产业迅猛发展,电源是界于市电与负载之间,向负载提供各类所需电能的供电设备,是各种电气设备稳定工作的基础。直流稳压电源技术是通过功率半导体器件来实现的一种电源技术,是综合电力变换技术、现代电子技术等多学科技术的集合体。小功率稳压电源应用越来越广泛,其好坏直接影响电气设备或控制系统的工作性能。

　　本案例所设计的电源主要由电源变压器、整流、滤波和稳压电路四部分组成。通过本章学习直流稳压电源的设计方法,用变压器、整流桥、滤波电容和集成稳压器来设计直流稳压电源,掌握直流稳压电源的主要性能参数及测试方法。

5.1 设计任务及要求

5.1.1　设计任务 ◀

　　(1) 绘制所设计的直流稳压电源的系统框图及波形图,并分析各组成部分的功能及工作原理。

（2）设计每个功能方框图的具体电路图，并根据所提供的技术参数的要求，计算电路中所用元件的参数值，最后按工程实际确定元件参数的标称值。具体参数要求：变压器的额定电压、额定电流、额定容量、电压比；整流元件的型号；电阻的阻值和功率；电容的容值和耐压以及类型；稳压块型号等。

5.1.2　要求 ◄

（1）当输入电压为 220V 交流时，输出直流电压为 ±12V。

（2）输出电流不小于 1A，容量为 40W。

（3）输出端波纹为 0.5V±0.05V。

5.2　系统整体方案设计

5.2.1　设计原理 ◄

电源变压器将交流电网 220V 的电压变为所需要的电压值，然后通过整流电路将交流电压变成脉动的直流电压。由于此脉动的直流电压还含有较大的波纹，必须通过滤波电路加以滤除，从而得到平滑的直流电压。但这样的电压还随电网电压波动，一般有 ±10％左右的波动。因此在整流、滤波电路之后，还需接稳压电路。稳压电路的作用是当电网电压波动、负载和温度变化时，维持输出直流电压的稳定。

一般直流稳压电源都使用 AC220V 市电作为电源，经过变压、整流、滤波后输送给稳压电路进行稳压，最终成为稳定的直流电源。这个过程中的变压、整流、滤波等电路可以看作直流稳压电源的基础电路，没有这些电路对市电的前期处理，稳压电路将无法正常工作。本次设计的小功率稳压电源由变压电路、整流电路、滤波电路、稳压电路四部分组成，如图 5-1 所示。

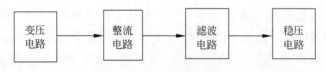

图 5-1　稳压电源的组成框图

5.2.2　各部分的电路设计 ◄

本电源设计将从后到前地倒推完成设计过程。首先设计稳压电路。

1. 稳压电路及其作用

本电源采用三端固定集成稳压器，该集成稳压器包含 78XX 和 79XX 两大系列，其封装如图 5-2 所示。78XX 系列是三端固定正电压输出稳压器，79XX 系列是三端固定负电压输出稳压器。78XX 系列和 79XX 系列型号后的 XX 代表输出电压值，有 5V、6V、9V、

12V、15V、18V、24V 等。其额定电流以 78 或 79 前面的字母区分,其中 L 为 0.1A,M 为 0.5A,无字母为 1.5A。

我们选择 LM7812CT 和 LM7912CT,输入电压最大值为 35V,输入电压最小值为 14V;输出电压为 12V,输出电流最大值为 1.5A,根据输入电压为 14～35V,其电路如图 5-3 所示,通常选择它的工作电压为 14～16V,其工作较为稳定。

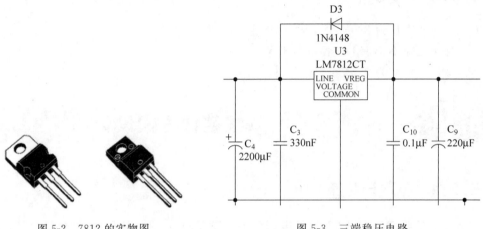

图 5-2　7812 的实物图　　　　　　　图 5-3　三端稳压电路

LM7812CT 的输入输出端连接电容的目的是滤波,滤除交流噪声使得输出电流更平稳,同时也提供储备电流,当需要突发大电流而变压器不够用时,电解电容可以补充瞬间的不足。LM7812CT 只是稳压电路,前面的整流滤波元件必不可少,LM7812CT 最大可以提供 1.5A 电流,而且必须加散热片。输入输出端的电容要根据所需电流来选取,一般有 2200μF 足够了,再大浪费,最好在输出端再并连一个 220μF 电解电容和一个 0.1μF 电容,该 0.1μF 小电容对减小电源高频内阻非常有效。这里的 1N4148 二极管,起到消除自激震荡的作用,不用也可。

2. 整流电路及其作用

整流电路将交流电压 U_i 转换成脉动的直流电压。再经滤波电路滤除较大的波纹成分,输出波纹较小的直流电压 U_1。常用的整流滤波电路有全波整流滤波、桥式整流滤波等。整流桥的一种封装及电路示意图如图 5-4 所示,整流桥封装有四种:方桥、扁桥、圆桥、贴片 MINI 桥。

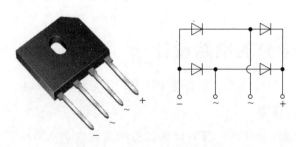

图 5-4　方形整流桥及示意图

如图 5-5、图 5-6 所示，为桥式整流电路及输出波形，其作用是利用单向导电元件，把 50Hz 的正弦交流电转换成脉动的直流电。整流电路的相关参数如下：

输出电压平均值：$U_{0(AV)} = \dfrac{1}{2\pi}\displaystyle\int_{0}^{\pi} \sqrt{2}\,U_2 \sin\omega t\, \mathrm{d}(\omega t) = \dfrac{2\sqrt{2}U_2}{\pi} \approx 0.9U_2$

输出电流平均值：$I_{0(AV)} = \dfrac{U_{0(AV)}}{R_L} \approx \dfrac{0.9U_2}{R_L}$

平均整流电流：$I_{D(AV)} = \dfrac{I_{0(AV)}}{2} = \dfrac{U_{0(AV)}}{2R_L} \approx 0.45\dfrac{U_2}{R_L}$

最大反向电压：$U_{RM} = \sqrt{2}U_2$

整流二极管的选择（考虑电网$\pm 10\%$波动）：$\begin{cases} I_F > 0.45\dfrac{1.1U_2}{R_L} \\[2mm] U_R > 1.1\sqrt{2}U_2 \end{cases}$

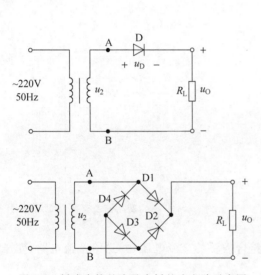

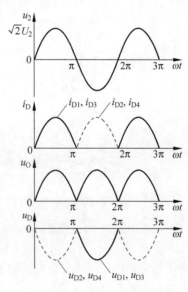

图 5-5　桥式半控整流及全桥整流电路示意图　　图 5-6　半控及全桥整流输出波形图

根据桥式输入及输出的电压的关系，15V/0.9＝16.7V。那么变压器的输出可以选择 12V。在电子市场上可以选择输出为双 12V 的变压器，电流为 2A 即可。

3．滤波电路设计

各滤波电路 C 满足 $R_L C = (3 \sim 5)T/2$，式中 T 为输入交流信号周期，R_L 为整流滤波电路的等效负载电阻。其作用是进一步减小波纹电压，使输出电压的波形变得比较平缓，将脉动直流电中的脉动交流成分尽量滤除掉，而只留下直流成分，使输出电压成为比较平滑的直流电压。桥式电路输出端的滤波电路图及其滤波效果图如图 5-7 所示。

工作过程，当 u_2 为正半周并且数值大于电容两端电压 u_C 时，二极管 D1 和 D3 管导通，D2 和 D4 管截止，电流一路流经负载电阻 R_L，另一路对电容 C 充电。当 $u_C > u_2$ 时，导致 D1 和 D3 管反向偏置而截止，电容通过负载电阻 R_L 放电，u_C 按指数规律缓慢下降。当 u_2 为负半周幅值变化到恰好大于 u_C 时，D2 和 D4 因加正向电压变为导通状态，u_2 再次对 C 充电，u_C 上升到 u_2 的峰值后又开始下降；下降到一定数值时 D2 和 D4 变为截止，C 对 R_L 放电，

u_C 按指数规律下降;放电到一定数值时 D1 和 D3 变为导通,重复上述过程。

R_L、C 对充放电的影响电容充电时间常数为 r_{DC},因为二极管的 r_D 很小,所以充电时间常数小,充电速度快;$R_L C$ 为放电时间常数,因为 R_L 较大,放电时间常数远大于充电时间常数,因此,滤波效果取决于放电时间常数。在对直流电源要求不高的情况下,如图 5-7 设计即可,本直流电源设计采用稳压模块作为电桥的后级电路,所以 RC 电路在本案例当中没有采用。

4. 变压器电路设计

电源变压器 T 的作用是将 220V 的交流电压转换成整流滤波电路所需要的交流电压 U_i。变压器副边与原边的功率比为 $P_2/P_1 = n$,式中 n 是变压器的效率。变压器的作用是将电网 220V 的交流电压转换成整流滤波电路所需的低电压。我们选择双 12V 输出,最大电流为 2A,如图 5-8 所示,中间接地,两端均为 12V 输出。

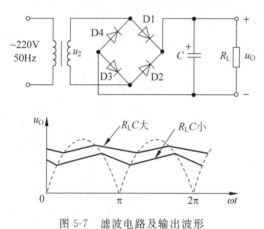

图 5-7　滤波电路及输出波形　　　图 5-8　变压器及交流电源示意图

变压器将电网 220V 交流电压转换成符合需要的交流电压,并送给整流电路,变压器的变比由变压器的副边电压确定。

5.3 元件参数选择

(1) 变压器选择:变压器选择双 12V 变压,考虑到电流不需要太大,最大电流为 2A,实际选择变压器输出功率为 48W,可以很好地满足要求。

(2) 整流桥:考虑到电路中会出现冲击电流,整流桥的额定电流时工作电流的 2~3 倍。选取 3N259 即可,实际购买过程中选择 2W10 也符合设计要求。

(3) 稳压模块选择 LM7812CT 和 LM7912CT,滤波电路对波纹电压要求比较高,所以选择了 $2200\mu F$、耐压值为 25V 的电解电容。

(4) 为了防止负载产生冲击电流,故在输出端加入 $220\mu F$、耐压值为 25V 的电解电容。

(5) 为防止电源输出端短路,需安装保险管,为防止稳压芯片因过热而烧坏,需加装散热片。

电路仿真调试及部分结果图

所设计的稳压电路整体如图 5-9 所示,电路中市电 220V 交流电经过变压,变成双 12V 的交流电,交流电经过整流桥 3N259 输出直流 $12 \times 1.414V = 16.9V$,这个电压值在稳压模块 LM7812 输入电压 14～35V 的范围内,可以使其稳定工作。经过 LM7812CT,可以输出稳定的直流电。电路中电解电容有低频滤波的作用,低频信号通过此电容滤除掉,其还可以作为储能作用,将输出的电压储存一部分在此电容上,使输出的电压稳定,生活中我们使用的电器设备关电后,电源指示灯还没马上灭,过一会儿才灭,就是此电容放电过程。电路当中的无极电容一般用瓷片电容和涤纶电容,也可用贴片封装的,其作用就是滤除高频噪声。

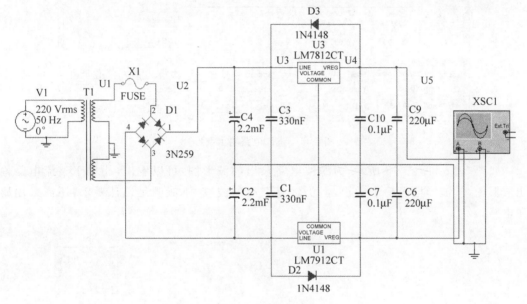

图 5-9　总体电路图

下面逐一地仿真各个位置电压变化图,如图 5-10 和图 5-11 所示,为整流电路输出波形图,可以看出波形为正弦波正半周,波动非常大,不能满足稳定的直流电源的设计要求,所以需要进一步的滤波电路及稳压电路。

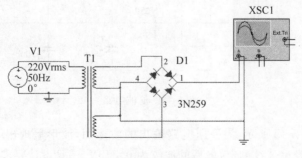

图 5-10　整流电路

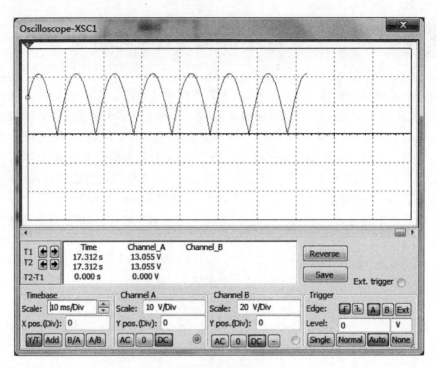

图 5-11　整流电路输出波形

　　如图 5-12 和图 5-13 所示，为滤波电路输出的波形图，可以看出，相比于整流电路输出波形图，其波形已经趋于平稳，但仍然有细小的波纹，不能满足设计要求，还需采用稳压电路。

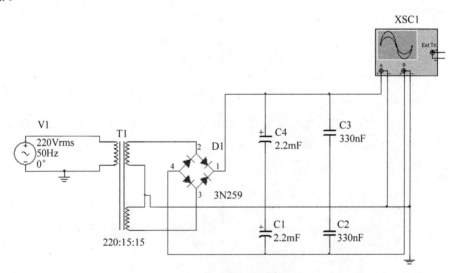

图 5-12　滤波电路

　　如图 5-14 和图 5-15 所示，为稳压电路输出的波形图，波形呈现出了直线平稳状态，实现了实验的要求。经过波纹测定，最后的波纹为 0.046V，满足设计要求。

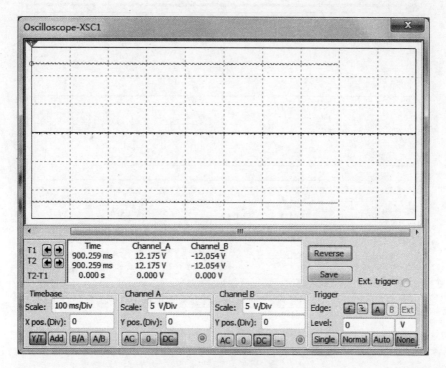

图 5-13　滤波电路输出波形

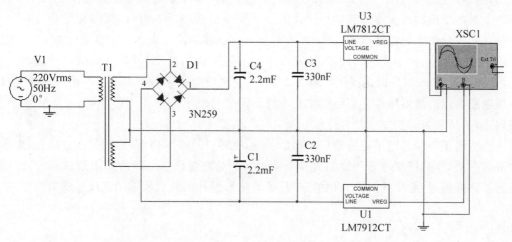

图 5-14　稳压电路

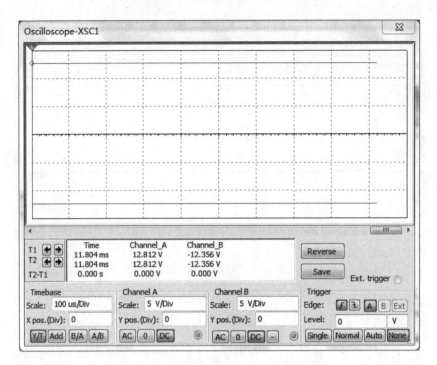

图 5-15　稳压电路输出波形

5.5 设计分析

在该设计过程中,根据设计要求,选择适当的变压器,变压器的输出值不能太高,也不能太低,应该经过整流桥的计算来选择变压器的输出值,另外还应该考虑到电流的大小,即所设计电源的输出功率大小。我们所设计的是一个小型的小功率直流电源,在工业设备中一般都在用大功率大电流的电源,必须在功率方面有足够的设计余量。在整流电路之后,添加了一个滤波电路,由于其输出的波形,在很小的一段范围内波动,但是其波动的范围不是很大,没有超过 50mV,所以选择了 LM7812 芯片,在滤波电路之后添加了一个稳压电路,用以确保电路输出的波形图稳定,通过调试得到了理想的输出波形图。另外,为了 LM7812 更稳定工作,通常为其加上散热片。

直流稳压电源是电子设备稳定工作的关键,在设计这部分电路时,需要设计功耗、电压、电流等参数,并且还要考虑一定的设计余量。本章对直流稳压电源的基本原理及设计过程进行了详细阐述,希望通过本案例的学习,读者能够设计出自己所需的直流稳压电源。

第**6**章

音频功率
放大器设计

6.0 引　言

　　生活中的电器设备,例如电视机、DVD 影碟机、手机、电脑、收音机、随身听等,都有音频输出。随着电子技术水平不断发展,人们对音响的性能要求也越来越高。音频功率放大器主要是用于推动扬声器发声,从而重现声音的功放装置。音频功率放大器是音响设备的重要器件,完美的音频功率放大器是做出完美音响的必要条件。音频功率放大器的技术已经相当成熟。本章针对教学设计了一个简易的音频功率放大器,通过该案例的学习使得读者对功率放大有一个直观了解。

6.1 设计任务及要求

　　根据技术要求和设计思路提供器件,以功率放大集成电路和运算放大器为主,设计一个音频功率放大器,要求采用 LF353 运算放大器作为前置放大电路,功率放大器采用以芯片 LM386 为基础的电路。

参数要求如下:

(1) 要求输入信号 $V_i = 10\text{mV}$,频率 $f = 1\text{kHz}$。

(2) 负载电阻为 8Ω。

(3) 额定输出功率 $P_o \geqslant 1\text{W}$。

6.2 音频功率放大基础

6.2.1 功率放大器常见名词 ◄

(1) 额定功率

它指在一定的谐波范围内功放长期工作所能输出的最大功率,严格来说是正弦波信号。经常把谐波失真度为 1% 时的平均功率称为额定输出功率或最大有用功率、持续功率、不失真功率等。显然规定的失真度不同时,额定功率数值将不相同。

(2) 最大输出功率

当不考虑失真大小时,功放电路的输出功率可远高于额定功率,还可输出更大数值的功率,因此将能输出的最大功率称为最大输出功率,前述额定功率与最大输出功率是两种不同前提条件的输出功率。

(3) 频率响应

频率响应反映功率放大器对音频信号各频率分量的放大能力,功率放大器的频响范围应不低于人耳的听觉频率范围,因此在理想情况下,主声道音频功率放大器的工作频率范围为 $20\text{Hz} \sim 20\text{kHz}$。国际规定一般音频功放的频率范围是 $40\text{Hz} \sim 16\text{kHz} \pm 1.5\text{dB}$。

(4) 失真

失真是重放音频信号的波形发生变化的现象。波形失真的原因和种类有很多,主要有谐波失真、互调失真、瞬态失真等。

(5) 动态范围

在放大器不失真的情况下,放大最小信号与最大信号电平的比值就是放大器的动态范围。实际运用时,该比值使用 dB 来表示两信号的电平差,高保真放大器的动态范围应大于 90dB。

(6) 信噪比

信噪比是指声音信号大小与噪声信号大小的比例关系,将功放电路输出声音信号电平与输出的各种噪声电平之比的分贝数称为信噪比的大小。

(7) 输出阻抗和阻尼系数

输出阻抗是功放输出端与负载(如扬声器)所表现出的等效内阻抗,称为功放的输出阻抗;阻尼系数是指功放电路给负载进行电阻尼的能力。

(8) 灵敏度

对放大器来说,灵敏度一般指达到额定输出功率或电压时输入端所加信号的电压大小,因此也称为输入灵敏度。对音箱来说,灵敏度是指给音箱施加 1W 的输入功率,在喇叭正前方 1m 远处能产生多少分贝的声压值。

（9）反馈

反馈也称为回授，是一种将输出信号的一部分或全部回送到放大器的输入端以改变电路放大倍数的技术。导致放大倍数减小的反馈称为负反馈，负反馈虽然使放大倍数蒙受损失，但能够有效地拓宽频响，减小失真，因此应用极为广泛；使放大倍数增大的反馈称为正反馈。正反馈的作用与负反馈刚好相反，在使用时应当小心谨慎。

（10）屏蔽技术

屏蔽技术是在电子装置或导线的外面覆盖易于传导电磁波的材料，以防止外来电磁杂波对有用信号产生干扰的技术。

6.2.2　功率放大原理及分类 ◀

对于功率型三极管而言，功率放大电路的输出功率、转换功率和非线性失真等性能都与电路中放大管的偏置条件和工作状态有关。根据放大电路静态工作点在交流负载线上的位置不同，可将工作状态分为甲类（A 类）、乙类（B 类）、甲乙类（AB 类）和丁类（又称 D 类）等。

1．A 类放大器

在 A 类放大器的结构模块中，它拥有两种不同的工作方式，其中一种类型是把两个发射极与跟随器相连工作，若有足够电流通过负载，则不在任何时间进行停止。采用这种办法的最大优点就是不会产生突然输出的电流，如果负载阻抗相对来说比较低，小于某些参数的要求，就会出现一些严重的后果，例如失真比较严重，放大器突然中止工作，虽然这种现象不会产生直觉上的错误，但是也会造成比较大的损失。还有一类方式可以叫作控制电流电源，如果是为了实现发射极的高效率，发射极处需要加负载，那么它基本可以被看作是一个射极跟随器，所以在此类音频功率放大器设计时，就应该提前考虑这种缺陷，做好一定的准备或者防止工作，而且还要进行低阻抗的推动，这些内容都是必须要提前进行分析和考虑的。

射极跟随电路是典型的 A 类功放电路，如图 6-1(a)所示，当 U_i 为正时，三极管导通，在保证不失真条件下提供给 R_L 的最大电压 V_{RL+} 为$(+V_{CC}-V_{CES})$，其中 V_{CES} 为三极管的饱和管压降；当 U_i 为负时，R_L 获得的最大 V_{RL-} 电压为 $\dfrac{R_L}{R_L+R_1}(-V_{CC})$。通常情况下 V_{CES} 较小，约为 0.4V，因此 $|V_{RL+}|>|V_{RL-}|$，使得此电路难以达到均衡；再者，当 U_i 为零时，三极管同样处于导通状态，即增加了电路的静态功耗。因此实际应用时，通常采用各种互补形式的补偿电路。

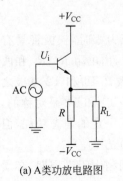

(a) A类功放电路图

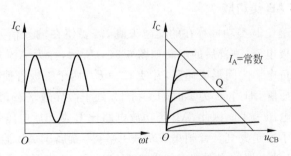

(b) A类功放波形及电气特性图

图 6-1　A 类功放电路及电气特性

A 类放大器的主要特点如图 6-1(b)所示,放大器的工作点 Q 设定在负载线的中点附近,晶体管在输入信号的整个周期内均导通。放大器可单管工作,也可推挽工作。由于放大器工作在特性曲线的线性范围内,所以瞬态失真和交替失真较小。电路简单,调试方便,但是效率较低,晶体管功耗大,功率的理论最大值仅有 25%,且有较大的非线性失真。

2. B 类放大器

B 类放大器导通角一般等于 $90°$,这种音频功率放大器十分受欢迎,而且它通过器材的导通时间大约是 50%,现在市场上大部分的音频功率放大器属于这一类,所以大家很容易在日常生活中发现它。由前文分析可知,A 类功放存在两个需要解决的问题,即较大的静态功耗和不对称的输出电压。导致这两个问题的原因是 A 类功放的静态工作点选择在三极管放大区的中部位置以及电阻 R_1 的存在。若将该电路中的 R_1 替换为 PNP 型三极管,如图 6-2(a)所示,当 U_i 为零时,三极管 T1 和 T2 均处于截止状态,电路的静态功耗为零;当 U_i 为正时,三极管 T1 导通,T2 截止,对 R_L 提供最大为 $(+V_{CC}-V_{CES})$ 的正向电压;当 U_i 为负时,三极管 T2 导通,T1 截止,R_L 获得的最大负向电压为 $(-V_{CC}+V_{CES})$。由此可看出,B 类功放电路的性能明显优于 A 类功放,但是,由于这类电路将三极管的静态工作点选择在截止区,使得电路在输入信号正负交变过程中存在一定的交越失真,即当 $-0.7V<U_i<+0.7V$ 时,三极管处于截止区,此时三极管 T1 和 T2 均处于截止状态。显然这种功放电路也不是理想应用电路。

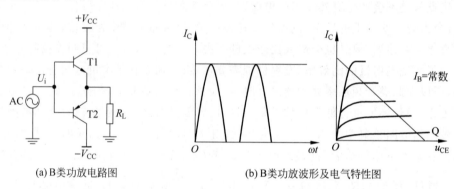

(a) B 类功放电路图　　　　　　　　(b) B 类功放波形及电气特性图

图 6-2　B 类功放电路及电气特性

B 类功放的主要特点如图 6-2(b)所示,放大器的静态点在 $(V_{CC},0)$ 处,当没有信号输入时,输出端几乎不消耗功率。在 V_i 的正半周期内,Q1 导通 Q2 截止,输出端正半周正弦波。

3. AB 类功放

为避免 B 类功放存在的交越失真,需要使在输入信号电压为零时,三极管具有一个较小的基极电流,改善后的电路如图 6-3(a)所示,称为 AB 类功放,由电阻 R_1、R_2 和两个二极管在正负电源之间形成通路,并使 $R_1=R_2$,两个二极管使得三极管 T1 和 T2 基极之间具有固定的压降,即当 U_i 为零时,T1 和 T2 处于微导通状态,又由于 T1 和 T2 是对称的,所以此时输出电压为零。因此,AB 类功放电路比 B 类功放电路增加了一定的静态功耗,但是减少或消除了交越失真。音频集成功放 LM386 就属于 AB 类的工作方式。

AB 放大器的主要特点如图 6-3(b)所示,晶体管的导通时间稍大于半周期,必须用两管推挽工作。可以避免交越失真。交替失真较大,可以抵消偶次谐波失真。具有效率较高、晶

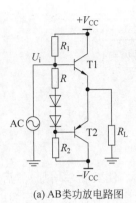 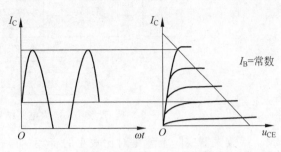

(a) AB类功放电路图　　　　　　　　(b) AB类功放波形及电气特性图

图 6-3　AB 类功放电路

体管功耗较小的特点。

　　为使三极管 T1 与 T2 达到平衡，电阻 R 的阻值需满足：

$$\frac{2V_{CC} - 2V_D}{R_1 + R_2 + R} \cdot R = 2V_D, \quad R_1 = R_2 \tag{6-1}$$

式中，V_D 为二极管的导通压降，为使电路具有最低的静态功耗，应选择较大阻值的 R_1 与 R_2。

4．D 类功放

　　D 类放大器是数字音频功率放大器，它将输入模拟音频信号或 PCM 数字信息变换成 PWM(脉冲宽度调制)或 PDM(脉冲密度调制)的脉冲信号，然后用 PWM 或 PDM 的脉冲信号去控制大功率开关器件通或断音频功率放大器，也称为开关放大器。具有效率高的突出优点。数字音频功率放大器也看成是一个 1bit 的功率数模变换器。放大器由输入信号处理电路、开关信号形成电路、大功率开关电路(半桥式和全桥式)和低通滤波器(LC)等四部分组成。

　　D 类放大器具有很多优点，它利用极高频率的转换开关电路来放大音频信号。具有很高的效率，通常能够达到 85％以上。它的体积小，可以比模拟的放大电路节省很大的空间。无裂噪声接通，低失真，频率响应曲线好。外围元器件少，便于设计调试。

　　A 类、B 类和 AB 类放大器是模拟放大器，D 类放大器是数字放大器。B 类和 AB 类推挽放大器比 A 类放大器效率高、失真较小，功放晶体管功耗较小，散热好，但 B 类放大器在晶体管导通与截止状态的转换过程中会因其开关特性不佳或因电路参数选择不当而产生交替失真。而 D 类放大器具有效率高、低失真，频率响应曲线好，外围元器件少等优点。AB 类放大器和 D 类放大器是目前音频功率放大器的基本电路形式。

6.3　设 计 方 案

　　功率放大电路，将输入的信号功率放大。本案例根据简易设计要求，只设计了前置放大和功率放大部分，如有电源设计请参看第 5 章，该音频功率放大器可由图 6-4 所示框图实现。音频经过前置放大和功率放大两级放大，下面主要介绍各部分的特点。

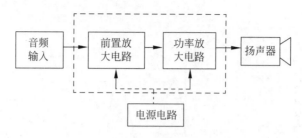

图 6-4　音频功率放大电路结构示意图

音频功率放大器实际上就是对比较小的音频信号进行放大,使其功率增加,然后输出。前置放大主要完成对小信号的放大,使用一个同向放大电路对输入的音频小信号的电压进行放大,得到后一级所需要的输入。后一级主要对音频进行功率放大,使其能够驱动电阻而得到需要的音频功率放大器。

设计时首先根据技术指标要求,对整机电路做出适当安排,确定各级的增益分配,然后对各级电路进行具体的设计。

$$P_o = \frac{V_o^2}{R_L} = 1W, \quad V_o = \sqrt{P_o R_L} = 2\sqrt{2}\,V, \quad P_o = 1, \quad R_L = 8\Omega \qquad (6\text{-}2)$$

$$增益: A_V = \frac{V_o}{V_i} = \frac{2\sqrt{2}\,V}{10mV} = 200\sqrt{2} \qquad (6\text{-}3)$$

根据这两个公式可得,按照音频功率放大器各级增益的分配,前级电路电压放大倍数大于$\sqrt{2}$,在这里取放大倍数为2,音频功放的电压放大倍数设定为200。

6.3.1　前置放大电路 ◄

一个实用的音频功率放大系统必须设置前置放大器,以便放大器适应不同的输入信号,或放大,或衰减,或进行阻抗变换,使其与功率放大器的输入灵敏度相匹配。因此前置放大器的主要功能:一是使输出阻抗与前置放大器的输入阻抗相匹配;二是使前置放大器的输出电压幅度与功率放大器的输入灵敏度相匹配。前置放大电路的作用简单来说就是"缓冲",将外部输入的音频信号进行放大并输出。前置放大器是一个高输入阻抗、高共模低抑制比、低漂移的小信号放大电路,实质是一个同相比例放大电路。

由于输入信号非常弱,所以要在功率放大器前加一个前置放大器。考虑到设计电路对频率响应及零输入时的噪声、电流、电压的要求,前置放大器选用集成运算放大器 LF353,LF353 是结场效应管输入带宽运算放大器,是双运放。特点是高输入阻抗、低噪声、带宽及输出转换速率高。LF353 集成运算放大器封装引脚图如图 6-5 所示,引脚 1 和引脚 7 为输

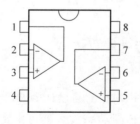

图 6-5　LF353 引脚图

出,引脚 2 和引脚 6 为反向输入端;引脚 3 和引脚 5 为同向输入端;引脚 4 为地,引脚 8 为电源端。

6.3.2　功率放大器

功率放大器的作用是给音响放大器的负载提供所需要的输出功率。市场上的功放产品有采用分立元件晶体管组成的功率放大器,也有采用集成运算放大器和大功率晶体管构成的功率放大器。随着集成电路的发展,全集成功率放大器应用越来越多。由于集成功率放大器使用和调试方便、体积小、重量轻、成本低、温度稳定性好,功耗低,电源利用率高,失真小,具有过流保护、过热保护、过压保护及自启动、消噪等功能,所以现在使用非常广泛。

LM386 是低电压、小功率的音频功率放大集成电路,它是美国国家半导体公司生产的音频功率放大器,它采用 8 脚,其引脚图如图 6-6 所示。引脚 6 为电源正极,引脚 4 接地,引脚 2、3 为选择输入端,引脚 5 为输出端,引脚 1、8 为增益控制端,引脚 7 为旁路端。LM386 的封装形式有塑封 8 引线双列直插式和贴片式。

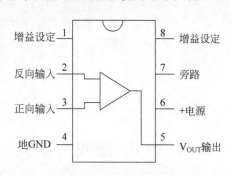

图 6-6　LM386 引脚图

它具有如下特点:

(1) 工作电压范围宽(4～12V 或 5～18V),静态功耗低。输入端以地为参考,同时输出端被自动偏置到电源电压的一半,在 6V 电源电压下,它的静态功耗仅为 24mW,使得 LM386 特别适用于电池供电的场合。LM386 芯片的电气特性约为 4mA,可用于电池供电。工作电压范围宽。

(2) 电压增益可调,在 20～200 倍之间。

(3) 外接元件极少,制作电路简单,应用广泛。电压增益内置为 20,但在引脚 1 和引脚 8 之间增加一只外接电阻和电容,便可将电压增益调为任意值,直至 200。

(4) 频带宽(300kHz),失真度低。

(5) 输出功率适中(在 12V 电源电压时为 660MW)。

因此该集成电路广泛应用于各种通信设备中,如:小型收录机、对讲机等电子装置,被广大无线电爱好者称为"万能功放电路"。芯片选用 LM386,主要应用于低电压消费类产品。

另外,LM386 有两种非常普遍的用法,即当引脚 1 和引脚 8 之间什么都不接时,LM386 的增益为 20,这时器件最少。当引脚 1 和引脚 8 之间接 10μF 的电容时,放大器的增益最大达到 200。

6.4　仿真与实现

总体电路原理图如图 6-7 所示,利用 Proteus 软件仿真图,图中利用一个信号源,产生 10mV、1kHz 的正弦信号送给前置放大级 LF353,放大 2 倍之后,送给后级功率放大器,后级的功率放大器的放大倍数是 200 倍,音频信号放大之后送给扬声器。

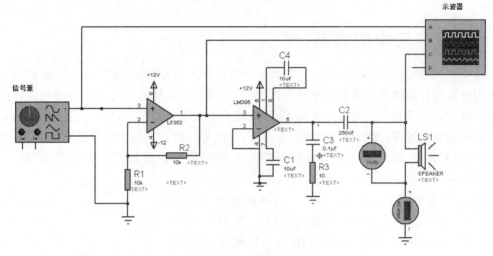

图 6-7   总体电路仿真图

6.4.1   前置放大电路的仿真

根据设计要求中,前置放大器的放大倍数为 2,由公式 $1+R_2/R_1=2$,取 $R_2=10\text{k}\Omega$,$R_1=10\text{k}\Omega$,所用电源 $V_{\text{CC}}=+12\text{V}$,$V_{\text{EE}}=-12\text{V}$。该前置放大电路的原理图如图 6-8 所示。

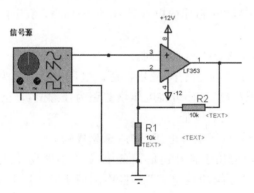

图 6-8   前置放大电路

经过该级运算放大电路的放大,由 $A'_{\text{V}}=\dfrac{V_{i'}}{V_i}=\dfrac{V_{i'}}{10\text{mV}}=2$ 可得下一级输入电压 $V_{i'}=20\text{mV}$。

6.4.2   功率放大器的设计

我们选择在芯片 LM386 的引脚 1 和引脚 8 之间串联一个 $10\mu\text{F}$ 的电容,使其放大系数为 200。原理电路图如图 6-9 所示。

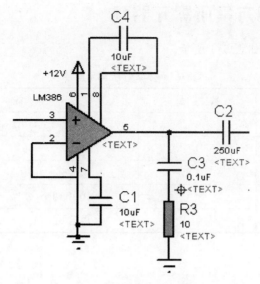

图 6-9　后级功率放大器

我们选择功率运放电路的增益为 200，由 $A_V = \dfrac{V_o}{V_i} = 200$，所以得 $V_o = 4\text{V}$，进而得出 $P_o = \dfrac{U_o^2}{R_L} = 2\text{W}$。然后连接上负载，若听到响亮的蜂鸣声，实验成功。

6.4.3　仿真模拟结果 ◀

确定了设计思路及参数后，在软件 Proteus 中进行仿真模拟，其波形如图 6-10 所示，其输出电压及输出电流如图 6-11 所示。图 6-10 中分别为输入信号、一级放大输出波形、最终输出波形，此处所示的波形幅值不是按比例显示的，只是为了观察方便，显示在一个波形窗口。

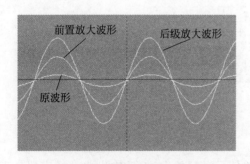

图 6-10　仿真输出波形对比图

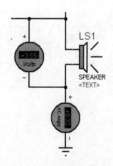

图 6-11　仿真输出电压及输出电流图

通过对输出电压及输出电流的计算可得出 $P_o = I_o V_o = 0.33\text{A} \times 3.55\text{V} = 1.1715\text{W}$，符合技术要求。其中 I_o，V_o 在仿真电路可直接测得，分别 $I_o = 0.33\text{A}$，$V_o = 3.55\text{V}$。

6.4.4 实现方案所需元器件 ◀

本设计所需元器件如表 6-1 所示。

表 6-1　本设计所需元器件

名　　称	数　量	备　　注
电阻	3	$10\text{k}\Omega$ 两个，10Ω 一个
运算放大器	1	LF353
功率放大器	1	LM386
电容	4	$10\mu\text{F}$ 两个，$0.1\mu\text{F}$ 一个，$250\mu\text{F}$ 一个
扬声器	1	内阻 8Ω

6.5　设计分析

　　本案例设计实现了简易功率放大电路，放大功率约为 1.2W，是一个小功率的音频功率放大器。电影院、录音棚或者专业音响的功率是很大的，几十瓦到上百瓦的大功率音频放大器，它们的设计需要有较完善的多级放大、多级滤波、各种音频处理芯片以及可以应用数字化处理的音频技术。

　　更完善的音频功率放大器一般由四部分组成：电源、前置放大级、滤波器和功率放大电路。前置放大级将音频信号放大至功率放大器所能接受的范围。滤波器电路分为高通滤波器、中通滤波器、低通滤波器，将输入的音频信号分为不同频率音频信号，并设有开关，可以按个人喜好调节输出音频信号。带音调调节的整体设计如图 6-12 所示。

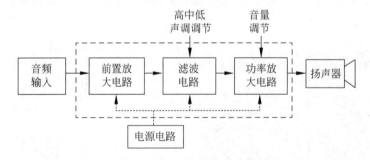

图 6-12　带音调调节的功率放大

　　音频功率放大器的作用是将声音源输入的信号进行放大，然后输出驱动扬声器。声音源的种类有多种，如话筒、电唱机、录音机及线路传输等，这些声音源的输出信号的电压差别很大，从零点几毫伏到几百毫伏。一般功率放大器的输入灵敏度是一定的，这些不同的声音源信号如果直接输入到功率放大器中的话，对于输入过低的信号，功率放大器输出功率不足，不能充分发挥功放的作用，假如输入信号的幅值过大，功率放大器的输出信号将严重过载失真,这样将失去了音频放大的意义。所以在设计音频功放的时候还需参考更多的功放资料。

　　本章介绍了一些功放的基础知识,设计了一个简易的音频功率放大器,它是由前级功放和后级功放两个主要部分组成,前级功放对输入信号起到初步放大的作用,可以给后级功放做很好的缓冲。通过本章的学习,读者能够独立地设计一个小功率的功放器。

第 **7** 章

低通滤波器设计

7.0 引　言

　　滤波器是一种能使有用的目标频率信号通过,同时抑制或衰减无用频率信号及噪声信号的器件或装置。模拟滤波器常用于信号前端的相关信号处理,另外,在数字滤波器所必须的模数转换前往往需要低通模拟滤波器配合,以消除高频干扰并控制截止频率。本章主要介绍有源模拟滤波器的原理及设计。

7.1 设计任务及设计要求

7.1.1　设计任务 ◀

　　(1) 设计一个有源模拟低通滤波器。

　　(2) 已知某一信号由两个正弦波信号叠加而成,其频率和幅值分别为:10kHz、1V 和 100kHz、1V 两种。

　　(3) 设计一个低通滤波器将 10kHz 信号从叠加信号中有效地分离出来,把 100kHz 信号滤除掉。

7.1.2　设计要求 ◀

（1）设计 10kHz、1V 和 100kHz、1V 的叠加信号源。

（2）设计一个有源低通滤波器，分离出的 10kHz、1V 低频信号的幅度增益为 6dB。

7.2　原理分析

7.2.1　滤波器的分类 ◀

按所通过信号的频段分为低通、高通、带通和带阻四种滤波器，如图 7-1 所示。

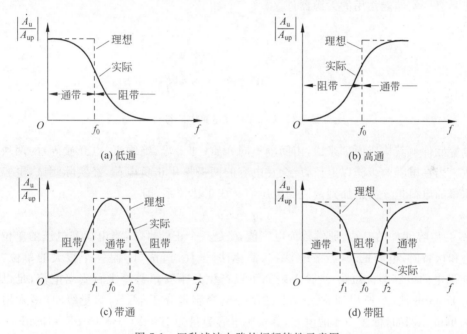

图 7-1　四种滤波电路的幅频特性示意图

（1）低通滤波器：允许信号中的低频或直流分量通过，抑制高频分量、干扰和噪声。

（2）高通滤波器：允许信号中的高频分量通过，抑制低频和直流分量。

（3）带通滤波器：允许一定频段的信号通过，抑制低于和高于该频段的信号、干扰和噪声。

（4）带阻滤波器：抑制一定频段内的信号，允许该频段以外的信号通过。

按所采用的元器件分为无源和有源两种滤波器。

无源滤波器，仅由无源元件（R、L 和 C）组成的滤波器，利用电容和电感元件的电抗随频率的变化而变化的原理构成。这类滤波器的优点是：电路比较简单，不需要直流电源供电，可靠性高；缺点是：通带内的信号有能量损耗，负载效应比较明显，使用电感元件时容易引起电磁感应，当电感 L 较大时滤波器的体积和重量都比较大，不适于应用。

有源滤波器,由无源元件(一般用 R 和 C)和有源器件(如集成运算放大器)组成。这类滤波器的优点是:通带内的信号不仅没有能量损耗,而且还可以放大,负载效应不明显,多级相连时相互影响很小,利用级联的简单方法很容易构成高阶滤波器,并且滤波器的体积小、重量轻、不需要磁屏蔽(因为不使用电感元件);缺点是:通带范围受有源器件(如集成运算放大器)的带宽限制,需要直流电源供电,可靠性不如无源滤波器高,不适用于高压、高频、大功率的场合。

7.2.2　无源器件的频域模型 ◀

无源低通滤波器由无源元件组成,这些元件通常具有极高的频率响应,而且温度系数较低。无源元件主要包括电阻、电感和电容。在电路中的它们符号如图 7-2 所示,电阻元件的伏安特性在工程中可近似为一条具有一定斜率的直线,其斜率即为电阻的阻值。而电感与电容是具有一定储能作用的无源器件。

(a) 电阻　　　(b) 电感　　(c) 无极性电容(上)、
　　　　　　　　　　　　有极性电容(下)

图 7-2　无源元件在电路中的符号

电容元件就其构成原理来说,由间隔不同介质(如云母、绝缘纸、电介质等)的两块金属板组成。当在电容两级施以电压,就会在电容的两极聚集正负电荷,经实际测试,电容元件两极积累的电荷量 q 与施加到两极的电压值 u 成正比关系,即

$$q = Cu \tag{7-1}$$

式中,C 为电容元件的参数,通常称为电容值,C 是一个正的常数,当电荷和电压的单位分别是库仑和伏特时,电容的单位为 F(法拉,简称法)。注意,法(F)是一个很大的单位,若将 1mF 充满电的电容两极短路,理论上瞬间可以产生几十安培甚至上百安培电流,足以熔断直径为 1mm 的铁丝,所以通常工程上使用的电容容量介于 pF～μF 量级,且多采用皮法(pF)为单位。例如,标注 104 的电容,其实际电容容量为 100nF($10 \times 10^4\,\text{pF} = 100\text{nF}$);标注 473 的电容,容量为 47nF($47 \times 10^3\,\text{pF} = 47\text{nF}$)。

将式(7-1)对时间 t 进行微分,可得电流与电压之间的关系:

$$i(t) = \frac{\mathrm{d}q(t)}{\mathrm{d}t} = C\frac{\mathrm{d}u(t)}{\mathrm{d}t} \tag{7-2}$$

利用拉氏变换基本性质 $\mathcal{L}\left[\dfrac{\mathrm{d}f(t)}{t}\right] = sF(s)$,对式(7-2)进行变换,整理得

$$H_C(s) = \frac{U(s)}{I(s)} = \frac{1}{sC} \tag{7-3}$$

由式(7-3)易知,在复数域上电容元件的传递函数是与电容容量成反比关系的。关于式(7-3)有以下几点需要理解:

(1) 考虑到 $s = \sigma + \mathrm{j}\omega$,其中 σ 为任意实数,$\omega = 2\pi f$ 为角频率,f 也就是通常说的以赫兹(Hz)为单位的频率,由此看出,电容元件与电阻元件不同,电容元件是一种可以影响信号频

率的元件。

（2）令 $\sigma=0$，将 $s=\mathrm{j}\omega$ 代入式（7-3），可得 $R_C(s)=-\mathrm{j}/\omega C$，也就是说，当信号频率固定时，电容元件会对信号产生 $-90°$ 的相移。

（3）当信号频率一定时，电容 C 越大，$|H_C(s)|$ 越小，即对信号的衰减越小；当电容 C 一定时，信号频率越大，$|H_C(s)|$ 越小，这也就是通常所说电容元件可以通交流阻直流的意思。

根据电容元件在复数域上传递函数的推导，同理可根据电感元件关于磁通 ϕ 与电流 i 之间的关系：$\phi=Li$，推导出电感元件的传递函数为

$$H_L(s)=\frac{U(s)}{I(s)}=sL \tag{7-4}$$

同样地，根据式（7-4）也可总结出与电容元件相似的结论。

7.2.3　运算放大器的基本原理 ◀

运算放大器内部集成了若干晶体管、电阻和电容等器件，并通过合理组合，实现放大器的功能。以 LMH672 运放芯片为例，在电路图中其符号通常如图 7-3(a)所示，它代表运算放大器 LMH672 芯片，如图 7-3(b)所示的一个运放单元，图 7-3(c)示出它们之间的关系；理论上每个运放单元都可分为输入级、增益级、输出级和内部偏置电路四个功能区，如图 7-3(d)所示，其中偏置电路为各级提供合适的工作电流，该电路可以确保其他三部分工作在合适的静态工作点，并且通过一些反馈环节可以有效地抑制温漂。

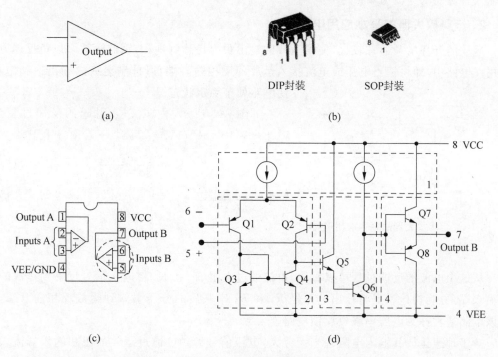

图 7-3　运算放大器 LMH672 及其内部等效电路

1. 运算放大器的工作原理

在图 7-3(d)中，增益级由两个晶体管（Q5、Q6）组成复合管，流过 Q6 集电极电流 I_C^{Q6} 与

Q5 基极电流 I_B^{Q5} 关系可表示为

$$I_C^{Q6} = \beta_{Q6}(1 + \beta_{Q5})I_B^{Q5} \tag{7-5}$$

则复合管的总增益为

$$\beta = \frac{I_C^{Q6}}{I_B^{Q5}} = \beta_{Q6}(1 + \beta_{Q5}) \approx \beta_{Q5}\beta_{Q6} \tag{7-6}$$

假设单个晶体管的 β 为 100，则复合管的总增益即为 80dB。因此对运算放大器进行分析时，通常假设其放大增益为无穷大，这是理想运放的一个基本假设。

对于运放的输入级，从动态小信号分析的角度来看，无论是由 Q1、Q2 的发射极还是由 Q3、Q4 的集电极构成的支路，总是有一个近似的反向偏置二极管存在，因此，运放输入级的输入阻抗通常较大，特别是对于混合型运放或 FET 型运放，输入级是场效应管的 G 极，输入阻抗通常可以达到 10^9 以上，可以认为运放的输入阻抗趋于无穷大，这是理想运放的第二个基本假设。

由以上两个基本假设可以更清楚地认识运放虚短和虚断的概念。由于运放的增益为无穷大，而输出信号的幅值受到了电源电压的限制，即为有限值，这意味着输入信号的电压应趋于无穷小，接近于零，这就是运放电路分析时经常提到的虚短。又由于运放的输入阻抗趋于无穷大，使得运放的输入电流趋于无穷小，即虚断。值得注意的是，分析运放电路时，分析电压时使用的是虚短的近似，两个输入脚之间的电压为零；分析电流时采用虚断的近似，两个输入脚之间的电流为零。

2. 运算放大器的基本应用电路

运放的开环增益通常较大，使得运放的输出很容易达到饱和，因此运放多以负反馈方式应用在电路中，即将输出电压或电流接入运放的反相输入端，以抑制运放的输出达到饱和，使电路处于稳定状态。

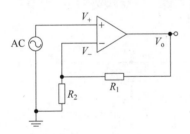

图 7-4　运算放大器的基本应用电路

如图 7-4 所示，由 R_1、R_2 引起的反馈过程为：$V_o \uparrow \rightarrow V_- \uparrow \rightarrow V_i(V_+ - V_-) \downarrow \rightarrow V_o \downarrow$。由于

$$V_- = \frac{R_2}{R_1 + R_2}V_o \tag{7-7}$$

根据运放的虚短（$V_+ = V_-$）近似，可以得到放大倍数 A_{uf} 为

$$A_{uf} = \frac{V_o}{V_+} = \frac{R_1 + R_2}{R_2} \tag{7-8}$$

从这个电流的反馈过程可以看出，电流通过电阻 R_1 和 R_2 将电压信号反馈到运放的反相输入端，更确切地说是将输出电压经 R_1 和 R_2 串联后的分压引入到运放反相输入端，因此该电路通常称为电压串联负反馈电路。

对于理想运放其输入电阻趋于无穷大，电压信号源 AC 通过运放的正相输入端流入运放的电流趋于无穷小，因此其输入电阻可以认为是无穷大。较大的输入电阻对于低频电压信号的应用通常是有益的，这是因为输入电阻较大可以获得较大的输入功率，且对前级输出影响较小。

7.2.4　滤波器电路分析 ◀

电容元件具有隔直流、通交流的性质,在实际应用中,通常需要设计电路使其达到某一特定指标,这些指标包括:电路的幅频特性、相频特性、输入阻抗和输出阻抗等。

图 7-5 为一个典型的一阶无源低通滤波器的原理图,根据分压公式易得其传递函数为

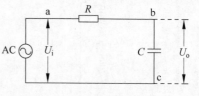

$$H(s) = \frac{U_\text{o}(s)}{U_\text{i}(s)} = \frac{H_C(s)}{H_C(s) + R} \qquad (7\text{-}9)$$

其中,$H_C(s) = \dfrac{U(s)}{I(s)} = \dfrac{1}{sC}$,将其代入式(7-9),整理可得

图 7-5　一阶无源低通滤波器

$$H(s) = \frac{1}{1 + sCR} \qquad (7\text{-}10)$$

式(7-10)的幅频特征($R=1\text{k}\Omega,C=5\text{nF}$)如图 7-6 所示,图中菱形点$(31.4,0.707)$的意义是:信号经滤波器后幅度降低为输入信号的 0.707 倍,对应信号频率为 31.4kHz。为了表达方便,通常以分贝(dB)表示滤波器的放大倍数,即用 $20\log_{10}(|H(s)|)$ 表示。幅度增益为 0.707时对应-3dB。通常定义-3dB对应的频率为截止频率 ω_H。

由式(7-10)易得截止频率 ω_H:

$$\omega_\text{H} = \frac{\sqrt{10^{\frac{3}{20}} - 1}}{RC} \qquad (7\text{-}11)$$

图 7-7 为根据式(7-10)得到的输入信号频率与滤波器引起的相位偏移之间的关系,由图中可以看出,滤波器引起的相位偏移随输入信号频率的变化而变化,在一些应用场合需要注意这一点。

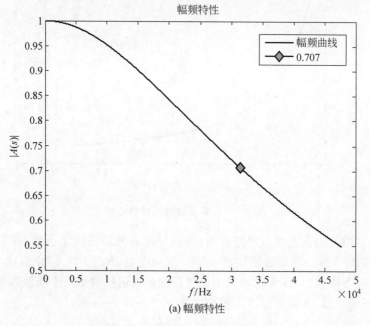

(a) 幅频特性

图 7-6　一阶低通滤波器幅频特征

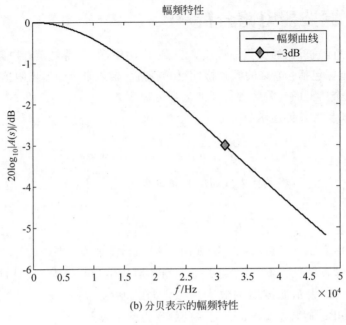

(b) 分贝表示的幅频特性

图 7-6 （续）

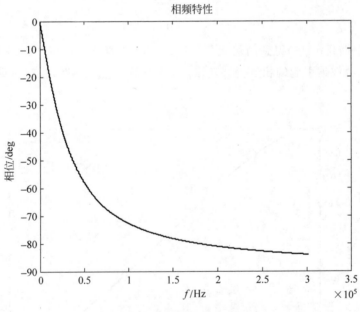

图 7-7　一阶滤波器的相频特性

　　图 7-8 为二阶无源低通滤波器原理图,现推导此滤波器的传递函数,首先从 bc 端向右看,R_2 与 C_2 组成一个一阶低通滤波器,从 bc 端向左看,R_1 与 C_1 同样组成一个低通滤波器。当两个滤波器串联时,需考虑第二个滤波器的输入阻抗对第一个滤波器输出的影响,因此,应首先分析滤波器 bc 端的传递函数:

$$H_{bc}(s) = \frac{C_1 // (R_2 + C_2)}{R_1 + C_1 // (R_2 + C_2)} \tag{7-12}$$

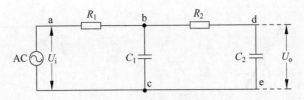

图 7-8　二阶无源低通滤波器

将式(7-3)代入式(7-12),并结合式(7-10),为简化分析,设 $R_1=R_2=R,C_1=C_2=C$ 则二阶无源低通滤波器的传递函数为

$$H(s) = \frac{1}{s^2 RRCC + s(3RC) + 1} \tag{7-13}$$

式(7-13)的幅频特征($R=1\text{k}\Omega,C=5\text{nF}$)如图 7-9 所示,与一阶无源低通滤波器幅频特征相比较,二阶低通滤波器的增益随频率下降更快,可以近似为 -40dB/十倍频,因此也更加接近理想低通滤波器。设输入信号幅值为 1,即 $s=\text{j}\omega$,则

$$\omega = \frac{\sqrt{\dfrac{-7 + \sqrt{7^2 - 4(1 - 10^{\frac{-x}{10}})}}{2}}}{RC} \tag{7-14}$$

式中 x 是以 dB 为单位的传递函数增益,将 -3dB 代入式(7-14),即可计算出二阶无源低通滤波器的截止频率为 11.73kHz(对应图 7-9 菱形点)。

若用一个二阶无源低通滤波器替代图 7-4 中信号源 AC,即可获得有源低通滤波器(如图 7-10 所示),根据式(7-8),适当调节 R_1 与 R_2 的阻值,即可以获得具有一定增益的滤波器,并且由于运放的引入,使得该电路具有较强的带载能力。在运放频率响应范围内,式(7-8)与式(7-13)相乘即可得有源低通滤波器的传递的函数。如果将图 7-10 中虚线框内的电容移至实线框处,就构成了典型的 Sallen-Key 滤波器结构。

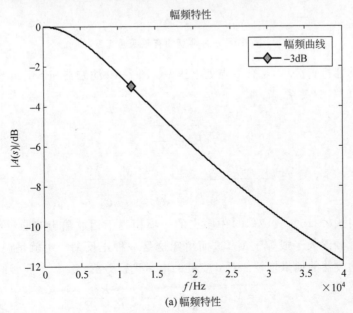

(a) 幅频特性

图 7-9　二阶无源低通滤波器

(左:幅频特性;右:相频特性)

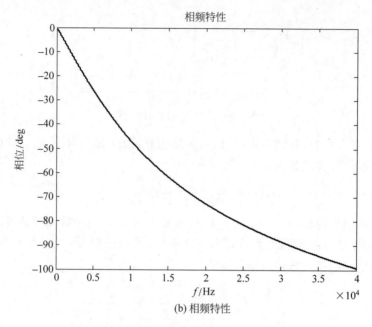

(b) 相频特性

图 7-9 （续）

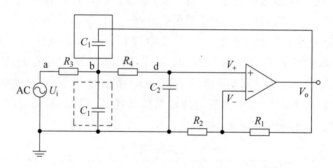

图 7-10 一种典型的有源低通滤波器

下面对滤波器进行分析，结合 b 点处电压 V_b，图 7-10 滤波器和 Sallen-Key 滤波器分别有式(7-15)、式(7-16)关系：

$$\frac{V_i - V_b}{R_3} = \frac{V_b}{R_4 + \dfrac{1}{sC_2}} \tag{7-15}$$

$$\frac{V_i - V_b}{R_3} = \frac{V_b}{R_4 + \dfrac{1}{sC_2}} + \frac{V_b - V_o}{\dfrac{1}{sC_1}} \tag{7-16}$$

对比式(7-15)与式(7-16)，式(7-16)中多出的一项相当于运放输出端通过电容 C_1 引入了反馈，又由于 V_o 始终大于或等于 V_b，进而得知这是一种正反馈。也就是说，Sallen-Key 结构有助于提高滤波器的通带增益。对 d 点处的电压进行分析，有

$$V_d = V_b \frac{1}{1 + sR_4C_2} = V_o \frac{R_2}{R_1 + R_2} \tag{7-17}$$

假设 $R_3 = R_4 = R$，$C_1 = C_2 = C$，由式(7-16)和式(7-17)整理可得

$$H(s) = \frac{V_o}{V_i} = \frac{\dfrac{R_1 + R_2}{R_2}}{1 + \left(3 - \dfrac{R_1 + R_2}{R_2}\right)sRC + (sRC)^2} \tag{7-18}$$

为表述方便,设

$$\left. \begin{array}{l} A_{vf} = \dfrac{R_1 + R_2}{R_2} \\[3mm] Q = \dfrac{1}{3 - A_{vf}} \\[3mm] \omega_n = \dfrac{1}{RC} \end{array} \right\} \tag{7-19}$$

重写式(7-18),则有

$$H(s) = \frac{A_{vf}\omega_n^2}{s^2 + \dfrac{\omega_n}{Q}s + \omega_n^2} \tag{7-20}$$

式(7-18)与式(7-20)表明,只有当 $A_{vf} < 3$ 时,$H(s)$ 的所有极点才能处于左半 s 平面上,电路才能避免自激而保持稳定工作。

由式(7-20),设 $s = j\omega$,选择不同的参数,可以获得两种典型的滤波器传递函数,即巴特沃斯型滤波器和切比雪夫型滤波器,这两种滤波器的幅频响应分别为

$$|H_{Butterworth}(j\omega)| = \frac{A_{vf}}{\sqrt{1 + \left(\dfrac{\omega}{\omega_n}\right)^4}} \tag{7-21}$$

$$|H_{Chebyshev}(j\omega)| = \frac{A_{vf}}{\sqrt{1 + \varepsilon\left(2\left(\dfrac{\omega}{\omega_n}\right)^2 - 1\right)^2}} \tag{7-22}$$

式(7-22)中,ε 称为文波系数,$0 < \varepsilon < 1$。两种滤波器的幅频响应反映滤波器两种极端情况,巴特沃斯型滤波器具有最平坦的通带通过性,切比雪夫型滤波器在通带和阻带之间的过渡是最快的;但是前者过渡最大,后者在通带内纹波较大,这是两种滤波器各自的缺点。

对式(7-20)取模并分别整理成式(7-21)与式(7-22)的形式,可得

当 $1/Q = \sqrt{2} = 1.4142$,$\omega_n = \dfrac{1}{RC}$ 时,电路为巴特沃斯型二阶低通滤波器;

当 $1/Q = 1.5162/\sqrt{1.42562}$,$\omega_n = \dfrac{1}{\sqrt{1.4256}RC}$ 时,电路为切比雪夫型二阶低通滤波器

($\varepsilon = 0.2918$)。

7.3 电路设计

7.3.1 Multisim 使用入门 ◀

Multisim 是 National Instruments 公司出品的 SPICE（Simulate Program with

Integrated Circuit Emphasis）仿真标准环境。经过近十多个版本的更新迭代之后，从 Multisim12 开始，它已经成为业界一流的 SPICE 仿真软件。

本节的目的在于初步认识并使用 Multisim 软件中的基本元件和相关的虚拟仪器，并利用所学知识对实验结果进行初步分析。

1. 元件查找与摆放

打开 Multisim 软件，其主界面如图 7-11 所示，选择 menu bar→Place→Component…，弹出 Select a Component 窗口，在 Group：下拉菜单中选择 Basic；在 Family：中选择 RESISTOR 类，在 Component：中出现可选阻值的电阻元件，选择 5kΩ 电阻，单击 OK 键。Select a Component 窗口自动隐藏，活动窗口进入 Workspace，此时选择合适位置按鼠标左键摆放电阻 R1，Select a Component 窗口复现，可按 Cancel 键结束器件选择。元件查找如图 7-12 所示，重复以上步骤，根据图 7-8 摆放相应的电阻与电容元件。

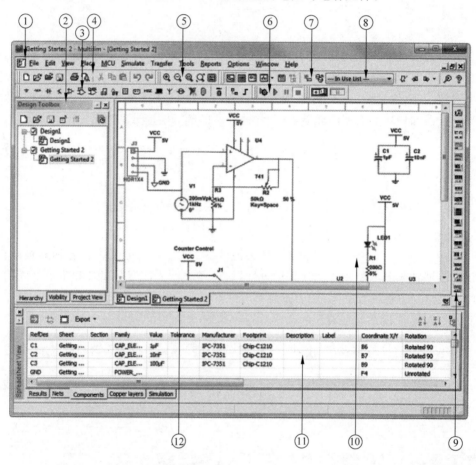

1	Menu Bar	5	View Toolbar	9	Instruments Toolbar
2	Design Toolbox	6	Simulation Toolbar	10	Workspace
3	Component Toolbar	7	Main Toolbar	11	Spreadsheet View
4	Standard Toolbar	8	In Use List	12	Active Tab

图 7-11　Multisim 主界面

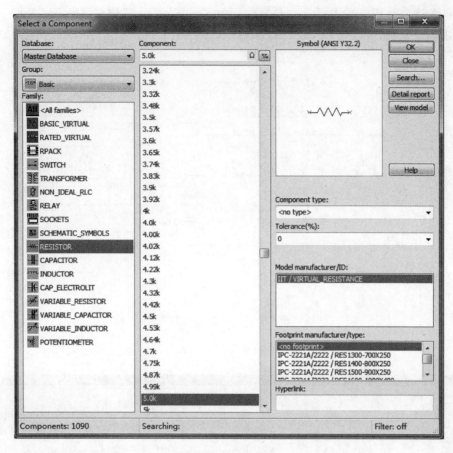

图 7-12　元件查找

2．元件连接

将鼠标放置在元件某一个管脚后，待鼠标呈星点状，即可对阻容元件进行连接。

3．构造信号源

在 Select a Component 窗口选择 Sources Group→POWER_SOURCES，在 Component 中选择 AC_POWER，并在 Workspace 中串联两个 AC_POWER，双击 AC_POWER 弹出 Properties 窗口，设置相关参数。

4．虚拟仪器使用

Multisim 软件提供众多功能丰富的虚拟仪器，包括 Multimeter 万用表、Function generator 函数发生器、Wattmeter 功率表、Oscilloscope 示波器、Four channel oscilloscope 四通道示波器、Bode Plotter 频率分析仪等，这些仪器采用拟物化风格设计，因此使用较为简单。

如图 7-13 所示，建立二阶无源低通滤波器的仿真电路图，单击 simulation bar 中的 run 按钮，利用四通道示波器监视 Vin、Vout1 和 Vout2 各点信号波形（如图 7-14 所示），可以看出由 10kHz 信号和 100kHz 信号合成后的信号，经滤波器处理后，100kHz 信号幅值大为减少，输出信号主要由 10kHz 信号构成。为更加精确分析信号成分，可分别双击频谱分析仪

XSA1 和 XSA2(如图 7-15 所示),对信号进行频率成分分析。从仿真结果可以看出 100kHz 信号幅度大为衰减,接近 0.1V,而 10kHz 信号只是稍有衰减。

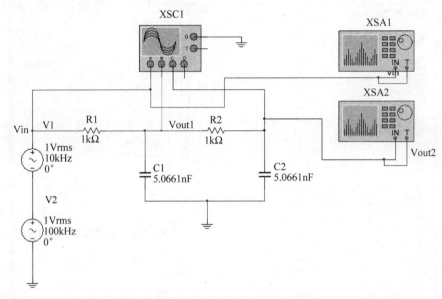

图 7-13　仿真电路图

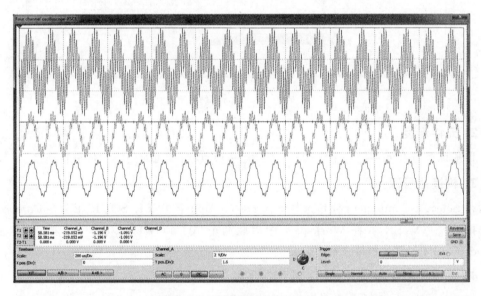

图 7-14　滤波器各点信号波形

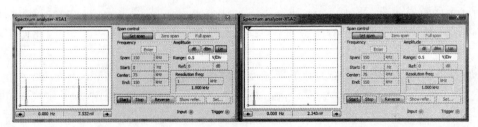

图 7-15　频谱分析

最后,还可通过 Multisim 强大的分析工具(Simulate→Analyses→AC Analyses)对滤波器的整体性能进行分析(此时修改仿真电路,输入源仅保留一个 AC source),在 AC Analysis 窗口 Output 标签页设置需要分析的电路节点,即图 7-13 中 Vout1 与 Vout2 两个参考点,单击 Simulate 按钮获得如图 7-16 所示的分析结果,这一结果与图 7-9 的理论分析结果一致。

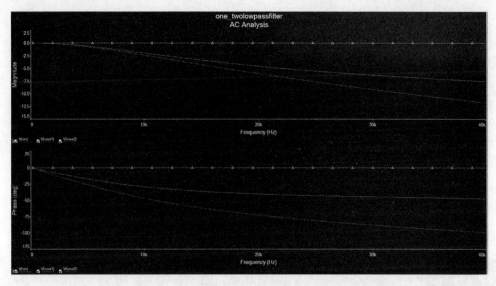

图 7-16　AC 分析

7.3.2　有源低通滤波器的仿真电路设计 ◀

1. 整体设计方案描述

根据设计要求,需要将 10kHz 信号从混合信号中分离出来,由于已知混合信号中具有 100kHz 的高频信号,滤波器的截止频率的选择范围为 10kHz～100kHz,为使滤波器在 10kHz 频率附近具有较好的幅值平坦度,本设计中,选择截止频率为 31kHz;同时为使滤波器具有较好的高频抑制能力,本设计采用四阶低通滤波器,由两个二阶滤波器级联实现;为使 10kHz 信号幅度增益为 6dB,也即使输出的低频信号幅值达到输入信号幅值的两倍,需使两滤波器的增益乘积等于 2;同时,为补偿低通滤波器对交流信号的幅值衰减,本设计中,设定每个低通滤波器的增益为 1.5。

滤波器的阻值计算:

假设选择 5nF 电容,则滤波器中电阻的阻值为

$$R = \frac{1}{2\pi f_0 C} = \frac{1}{2 \times \pi \times 31 \times 10^3 \times 5 \times 10^{-9}} \approx 1(\text{k}\Omega)$$

滤波器增益计算,由分析可知,设定的每个滤波器的增益为 1.5,则容易确定运放反馈电阻的阻值需要满足如下关系:

$$\frac{R_2}{R_1} = 0.5$$

因此可选择 R_1、R_2 的阻值分别为 1kΩ 与 510Ω。

2. 仿真电路设计

根据图 7-10 设计有源二阶低通滤波器如图 7-17 所示,根据图中所选元件及相关参数的计算,并结合前述内容可知,该低通滤波器的截止频率为 31kHz,且由交流信号源产生 10kHz 与 100kHz 的 1V 有效值混合信号。

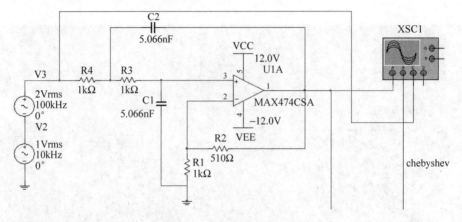

图 7-17　二阶有源低通滤波器

7.4　仿真结果与验证

观察滤波器输出电压信号波形,仿真结果如图 7-18 所示,由仿真结果可以看出,图中混合信号波形经过滤波器后,100kHz 频率成分的信号大为降低,与无源低通滤波器相比,其输出信号的幅度略有增加。但是,在工程应用中往往希望设计滤波性能更好的滤波器,即更高阶的有源低通滤波器,理论上,掌握一阶和二阶滤波器的基本特点之后,可以通过串联的

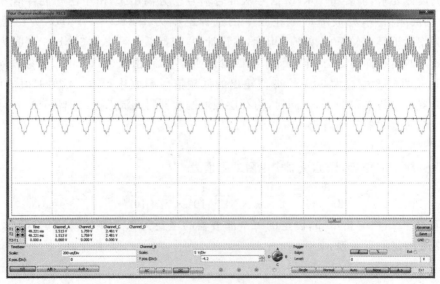

图 7-18　二阶有源低通滤波器输出结果

方式轻易地获得更高阶滤波器。

为此，在这一仿真中，可将图 7-17 所示的电路进行复制，并将两个滤波器级联，处理同样输入信号，检测有两个二阶滤波器构成的四阶滤波器的性能，仿真结果如图 7-19 所示，由图可以看出，四阶有源低通滤波器的输出结果明显优于二阶滤波器，并且信号幅值略有增加。

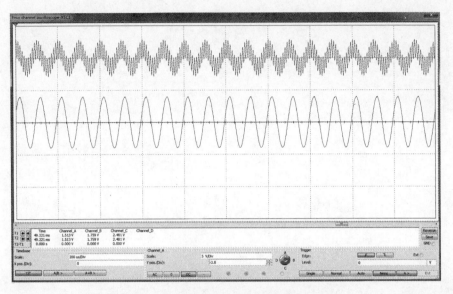

图 7-19   四阶有源低通滤波器输出结果

图 7-20 为输入信号中 10kHz 输入信号与经滤波器输出的信号比较，从图中可以看出四阶滤波器交互地抑制了 100kHz 高频信号成分，获得了较为干净的低频 10kHz 信号，并且使 10kHz 信号幅值增加了 1 倍。

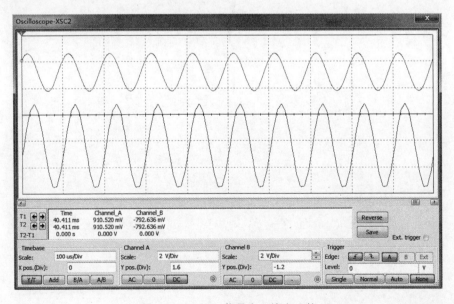

图 7-20   10kHz 信号出入输出比较

　　从仿真结果来看,有源滤波器似乎具有无源滤波器不可比拟的优势,但在实际工程应用中,由于引入的运放器件的带宽限制,使得有源滤波器在高频频段性能变差,在这种情况下,只能采用无源滤波器。另外还需要说明的是,滤波器的设计需要根据实际待处理的信号特征进行设计,比如对于需要考虑群延时的信号,在设计滤波器时,就不能只考虑滤波器的幅频特性,此时还需考虑滤波器的相频特性。

第 **8** 章

数字显示定时报警器设计

8.0 引 言

定时器是一种常见的电子设备,在许多场合中都会见到它的身影,例如电视机、微波炉、洗衣机、热水器等家用电器中。这些设备虽然在外形上有很大的区别,但在功能上都要实现倒计时以及在计时快停止时对人们的提示,所以对这些设备的研究与了解非常有必要,其所涉及的内容与数字电路技术有关。

本案例设计是简易的具有一位数字显示的报警器。本案例将利用数字电子技术知识来设计实现定时器,主要利用一些数字集成芯片,如触发器、计数器、译码器、显示器、逻辑门电路等。通过本案例的学习,可以锻炼读者对数字电子技术的实际应用能力,同时也告诉读者,数字逻辑功能既可以由软件实现,也可以由硬件实现。

8.1 设计任务及要求

设计一个定时器,当计时时间到,有声音报警和数字显示。蜂鸣器作为电声元件,电路具有定时功能。具体要求如下:

（1）用一位数码管来显示时间进度。

（2）初始时 LED 及数码管均不亮，按开关键后数码管显示 5 同时二极管亮，然后开始倒计时计数。

（3）具有最后 3 秒报时功能，要求响半秒，停半秒，共三下。

（4）电路应具有开关复位或手动复位功能。

8.2　设 计 方 案

计时报警电路可以用单片机来设计实现，单片机可以实现功能复杂的定时，可以程序控制，但在一些简单的不需要有复杂功能的定时装置设计时，就应该首选 555 定时器。本案例为了使读者对数字电子逻辑的设计和应用有全面的了解，所以选择用逻辑芯片来实现。总体设计框图如图 8-1 所示，首先由 555 定时器产生频率为 10Hz 的矩形脉冲，再经过十分频，输出频率为 1Hz、占空比为 0.5 的矩形脉冲，由芯片 74LS192 主控倒计数，JK 触发器控制 LED 和 74LS192 的复位，与门控制计数停止。

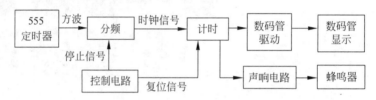

图 8-1　报警器总体设计图

8.3　硬件电路设计

8.3.1　方波信号源设计

555 定时器是一种模拟和数字功能相结合的中规模集成器件。一般用双极型（TTL）工艺制作的定时器称为 555 定时器，用互补金属氧化物（CMOS）工艺制作的定时器称为 7555 定时器。555 定时器的电源电压范围宽，可在 4.5～16V 工作；7555 定时器可在 3～18V 工作，输出驱动电流约为 200mA，因而其输出可与 TTL、CMOS 或者模拟电路电平兼容。555 定时器成本低且性能可靠，广泛应用于家用电器、仪器仪表和电子测量等方面。

图 8-2 所示为 555 定时器的内部结构及引脚图，各引脚具体功能如下。引脚 1 为 GND 接地端。引脚 2 为低触发端 V_R。引脚 3 为输出端 V_O。引脚 4 为直接清零端，当此端接低电平时，时基电路不工作，此时不论 V_R、V_H 处于什么电平，时基电路输出为"0"，此端不用时应接高电平。引脚 5 为电压控制端 V_{CO}，若此引脚外接电压，则可改变内部两个比较器的基准电压，若不使用该引脚，应该串联一只 $0.01\mu F$ 的电容接地，以免干扰。引脚 6 为高触发端 V_H。引脚 7 为放电端 V_O'，该端与放电管集电极相连，用作定时器时电容的放电。引脚 8 为外接电源 V_{CC}，双极型时基电路 V_{CC} 的范围是 4.5～16V，CMOS 型时基电路 V_{CC} 的范围

为 3～18V，一般用 5V。

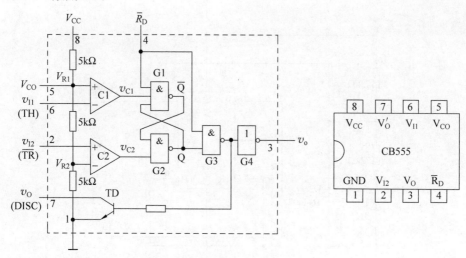

图 8-2　555 定时器内部结构及引脚图

用 555 定时器构成的多谐振荡器典型电路如图 8-3 所示，改变 R_1、R_2 和 C 的值，就可以改变振荡器的频率。如果利用外接电路改变 V_{CO} 端的电位，则可以改变多谐振荡器高触发端的电平，从而改变振荡周期 T。在实际应用中，常常需要调节 t_1 和 t_2。

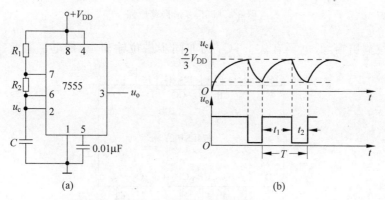

图 8-3　用 555 芯片实现多谐振荡器及工作波形

由于蜂鸣器在后三秒要响半秒停半秒，所以要由 555 定时器产生周期为 1s、占空比为 0.5 的矩形脉冲。电路中加入二极管，这样电容充、放电所经过的电阻一样大，所以充、放电的时间一样，因此占空比为 0.5。555 多谐振荡电路如图 8-4 所示。

8.3.2　计时与显示

74LS192 是十进制同步加减法计数器，具有双时钟输入功能，并具有清除和置数等功能，其中的引脚 14（CR）是清零端，高电平有效，当 CR＝0 时，立即清零。当 CR＝1 时，若引脚 11（置数端）为低电平，即进入置数状态。只有在置数、清零端都无效时才可能进行计数。当引脚 4 为高电平，而引脚 5 输入脉冲时，进行加计数。反之，则进行减计数。该芯片的引脚图如图 8-5 所示。LD 为置数端，低电平有效。CP_U 为加计数端，CP_D 为减计数端。TC_U

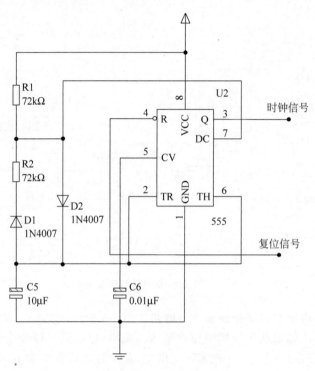

图 8-4　555 多谐振荡电路

为非同步进位输出端,低电平有效。TC_D 为非同步借位输出端,低电平有效。P0、P1、P2、

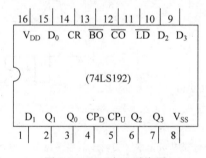

图 8-5　74LS192 引脚图

P3 为计数器的输入端。

　　引脚的功能真值表如表 8-1 所示。

表 8-1　74LS192 真值表

输　入								输　　出			
CR	LD	CP_U	CP_D	D3	D2	D1	D0	Q3	Q2	Q1	Q0
1	X	X	X	X	X	X	X	0	0	0	0
0	0	X	X	d	c	b	a	d	c	b	a
0	1	↑	↑	X	X	X	X	加计数			
0	1	1	↑	X	X	X	X	减计数			
0	1	1	1	X	X	X	X	保持			

使用 74LS192 减法计数,清零端接低电平,置数端接复位信号,加法计数时钟接高电平,借位端接 JK 触发器的 CLK 端。JK 触发器的 J、K、R 端接高电平,当 JK 为高电平时,每当有时钟信号输入时,触发器的状态就会发生翻转,当 9 到 0 发生借位时,JK 触发器 CLK 端得到一个下降沿,使当前状态翻转一次,即显示从 5 到 0,再从 9 到 0,5 到 0 时发光二极管亮,9 到 0 时发光二极管灭。74LS192 具有双时钟输入,是一个同步可逆递增/递减 BCD 计数器。

中规模集成电路 74LS47 是 BCD-7 段数码管译码器驱动器,74LS47 的功能是将 BCD 码转化成数码块中的数字,通过它来进行解码,可以直接把数字转换为数码管的数字,从而简化了程序,节约了单片机的 IO 开销,因此是一个非常好的芯片。但是由于目前从节约成本的角度考虑,此类芯片已经少用,大部分情况下都是用动态扫描数码管的形式来实现数码管显示。

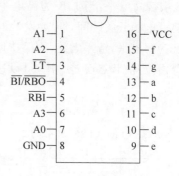

图 8-6　74LS47 引脚图

74LS47 的引脚图如图 8-6 所示,计时与显示部分电路如图 8-7 所示,该电路的输出为低电平有效,即输出为 0 时,对应字段点亮,输出为 1 时,对应字段熄灭。该译码器能够驱动七段显示器 0～15 共 16 个数字的字形。

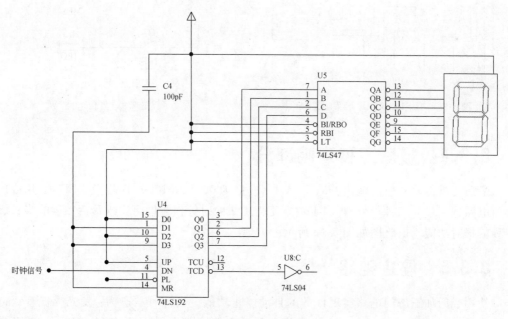

图 8-7　计时与显示部分电路

输入 A、B、C 和 D 接收 4 位二进制码,输出 QA、QB、QC、QD、QE、QF 和 QG 分别驱动七段显示器的 a、b、c、d、e、f 和 g 段。LT 是试灯输入,低电平有效,用于检查数码管各段是否能正常发光而设置。BI 是灭灯输入,低电平有效,用于控制多位数码显示的灭灯所设置。RBO 是灭零输出,它和灭灯输入 BI 共用一端,可以实现多位数码显示的灭零控制。RBI 是灭零输入,也是低电平有效,它是为使不希望显示的 0 熄灭而设定的。

8.3.3 复位电路 ◀

74LS112 是双 JK 触发器芯片,其引脚图如图 8-8 所示。其中,CLK1、CLK2 为时钟输入端,下降沿有效;J1、J2、K1、K2 为数据输入端;Q1、Q2、$\overline{Q1}$、$\overline{Q2}$ 为输出端;CLR1、CLR2 为直接复位端,低电平有效;PR1、PR2 为直接置位端,低电平有效。

选择带置数清零端的 JK 触发器进行复位,复位电路如图 8-9 所示。JK 触发器的 J、K、S 端接高电平,当 J、K 为高电平时,每当有时钟信号输入时,触发器的状态就会发生翻转。打开电源开关瞬间,JK 触发器的 Rd 端接低电平有效清零,待电容 C1 充电完成之后 Rd 端变为高电平,清零无效,故保持原状态,上电复位完成;开关闭合一次,CLK 端得到一个下降沿,当前状态反转一次,可以达到复位/计时效果。

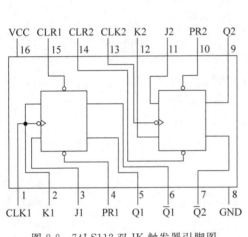

图 8-8 74LS112 双 JK 触发器引脚图

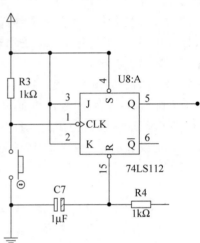

图 8-9 复位电路

8.3.4 最后三秒声响部分 ◀

最后三秒信号对应的输出 Q3、Q2、Q1、Q0 应为 0011、0010、0001 以及 LED 灭,用或门、非门电路选出最后三秒信号,再与上占空比为 1/2 的时钟信号即可实现最后三秒响半秒、停半秒的报时功能。电路图如图 8-10 所示。

8.3.5 停止电路 ◀

使用或门加三态门电路实现计数的自动停止功能。当计时状态为:发光二极管灭,此时 7 段显示数码管显示为 0,通过或门,三态门控制端为低电平,三态门变为高阻态,74LS192 的时钟信号停止,所以计数停止。电路如图 8-11 所示。

8.3.6 总体电路 ◀

如图 8-12 所示,把所有的单元电路按照逻辑关联方式联系在一起,电路便可以从 15 开始倒计时,并且后三秒半秒响、半秒停,开机或开关可复位。74LS32 是 4 个 2 输入的或门,

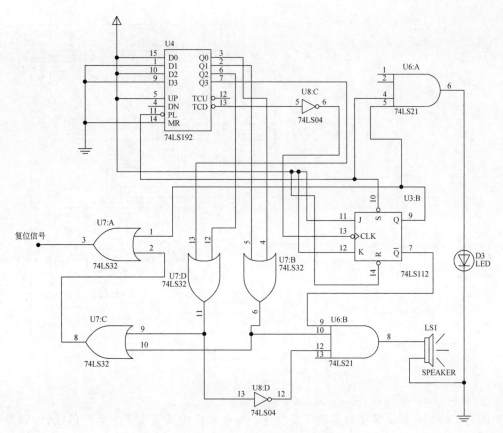

图 8-10　后 3 秒声响部分电路

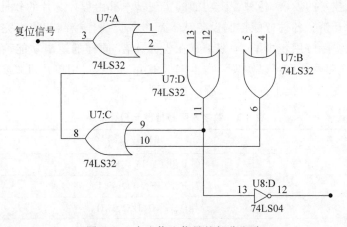

图 8-11　产生停止信号的部分电路

74LS21 是双 4 输入与门，74LS04 是反相器。74LS192 的借位端控制发光二极管在从 5 到 0 时发光，所以借位端接 JK 触发器的 CLK 端，使其每一次从 0 到 9 变化时，都有一次反转来控制二极管；蜂鸣器要求在后三秒发出报警，使用与门电路即可实现。

　　在本设计中，设计的计时器电路、数显、蜂鸣器报警、按键复位等功能都得以实现。在实际制作电路中，需要考虑许多实际因素，如门电路的集成芯片有很多种，应该选择何种芯片

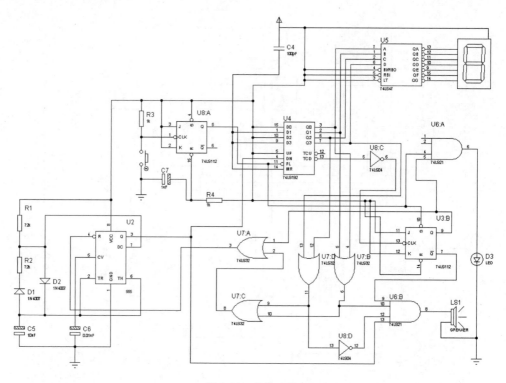

图 8-12　总体电路

才能用最少的芯片和最简单的连线完成设计。最终软件仿真实现了本案例的设计,如果采用实物搭建系统严格按照仿真设计图搭建即可。

随着单片机技术的发展,各种逻辑功能的实现基本都由程控芯片的软件来实现,所以简化了硬件的设计开销。各种智能控制设备基本都由各类编程控制芯片来完成了,用硬件搭建的数字逻辑在实际应用较少了,本案例意在告诉读者,同样的逻辑功能,在某些情况下可用软件实现,同样用硬件也可以实现。在本案例中由于没有采用单片机来实现,各种逻辑都由逻辑芯片来实现,所以抗干扰能力较强。所用到的元器件清单如表 8-2 所示。

表 8-2　数字音频报警器元器件清单

名　　称	规格及说明	数　　量
电解电容	$10\mu F$、$0.01\mu F$、$1\mu F$	3
电容	$47\mu F$、$22\mu F$、1000pF、100pF	4
电阻	$72k\Omega$、$72k\Omega$、$1k\Omega$、$1k\Omega$	4
二极管	1N4007	2
555 振荡器	—	1
74LS192	计数器	1
74LS47	数码管驱动电路	1
74LS112	双 JK 触发器	2
74LS04	反向器	2

名　　称	规格及说明	数　　量
74LS32	4 个 2 输入或门	4
74LS21	双 4 输入与门	2
蜂鸣器	—	1
LED 发光二极管	—	1
开关	—	1
7 段数码显示管	共阳极	1

本章设计了用数字逻辑芯片来实现的简易定时报警装置。介绍了所用到的主要的数字逻辑芯片和它们的使用方法,回顾了 555 定时器芯片的用法,最终以 555 定时器和 74LS192 为核心元件,实现了简易定时报警器的功能并用 Proteus 软件进行了仿真,结果表明本设计电路合理,计时功能可以实现。

第9章

超声波测距仪设计

9.0　引　言

超声波测距是一种非接触检测技术,不受光线、被测对象颜色及温度等因素的影响,较其他类型的测距仪器更能适应各种环境,具有结构简单、容易维护、可靠性高等优点。利用超声波检测往往比较迅速、方便、计算简单、易于实现实时控制,并且在测量精度方面能达到工业实用的指标要求,因此可广泛应用于工业、农业、交通等行业中,超声波在空气中测距也有较广泛的应用。例如,超声波测距在移动机器人的移动研究方面得到应用,在汽车倒车雷达方面也得到了应用。

通过本章的学习,重点掌握 LCD12864 液晶显示屏的应用,以及超声波传感器模块的应用。

9.1　设计任务及要求

1. 任务

(1) 以 51 单片机作为主控芯片,利用超声波传感器对距离的检测,将前方物体的距离探测出来,然后由单片机运算处理,与设定的报警距离值进行比较判断,当测得距离小于设定值时,单片机发出指令控制蜂鸣器报警。

（2）利用 LCD 显示屏显示超声波测距仪检测的距离以及设定的报警距离。

（3）设计并搭建硬件系统；编写软件，包括主函数、超声波测距计算、显示屏显示、报警程序等。

2. 需要解决的关键问题

（1）掌握 LCD12864 的显示原理及编程方法，正确连接电路原理图，画出 PCB 图。

（2）掌握超声波测距传感器与单片机的连接通信方式，软件的计算。

9.2　设计方案论证

选用 51 单片机作为系统的核心部件，实现控制和处理的功能。单片机具有容易编程、引脚资源丰富、处理速度快等优点。利用单片机内部的随机存储器 RAM 和只读存储器 ROM 及其引脚资源，外接 LCD12864 液晶显示屏。液晶显示（LCD）具有功耗低、体积小、重量轻、超薄等优点，近年来被广泛用于单片机控制的智能仪器、仪表和低功耗电子产品中。

单片机作为核心控制单元，控制超声波模块的发射接收。LCD12864 液晶屏作为显示模块，主控芯片将测得的数值与设定值进行比较处理，当测得的距离小于设定距离时，蜂鸣器报警。模块划分为数据采集模块、按键控制模块、数据显示模块、蜂鸣器报警模块等。该设计方案的优点是硬件电路简单，所用器件少，成本较低，体积小，抗干扰性能强，能够完成对超声波测距的要求。

以单片机为核心的实现方案设计图如图 9-1 所示。

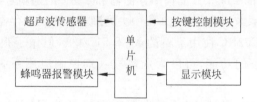

图 9-1　以 MCU 为核心的实现方案设计图

9.3　系统硬件设计

9.3.1　主控制模块 ◄

图 9-2 为硬件总设计电路图，从设计方案可知要用到如下器件：STC89C52 单片机以及超声波传感器、按键、液晶显示屏、蜂鸣器等单片机外围应用电路。其中 D1 为电源工作指示灯。电路中用到 2 个按键：一个加键，一个减键。

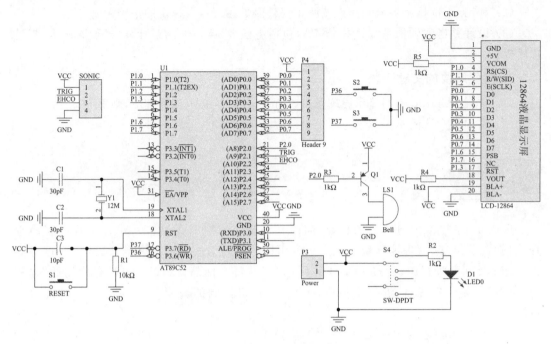

图 9-2　总设计电路图

9.3.2　主控芯片——STC89C52RC

STC89C52RC 是 STC 公司生产的一种低功耗、高性能 CMOS 工艺、8 位微控制器,片内含 8kB 的可反复擦写的 Flash 只读程序存储器和 256B 的随机存取数据存储器(RAM),兼容标准 MCS-51 指令系统,内置通用 8 位中央处理器和 Flash 存储单元,在电子行业中有着广泛的应用。STC89C52RC 使用经典的 MCS-51 内核,但做了很多的改进,使得芯片具有传统 51 单片机不具备的功能,可以为众多嵌入式控制应用系统提供高效灵活的解决方案。

STC89C52RC 有 40 个引脚,32 个外部双向输入/输出(I/O)端口,同时内含 2 个外中断口,3 个 16 位可编程定时计数器,2 个全双工串行通信口,2 个读写口线,STC89C52RC 既可以按照常规方法进行编程,也可以在线编程。其将通用的微处理器和 Flash 存储器结合在一起,特别是可反复擦写的 Flash 存储器可有效地降低开发成本,其引脚图如图 9-3 所示。

VCC:供电电压。GND:接地。P0~P3 口均为 8 位双向 I/O 端口,但又有所不同。P0 口:第一次将 P1 口的管脚写为“1”时,这 8 位的端口都会变为高阻状态。P0 可以用于连接外部程序数据存储器,同时,P0 口也能被定义成数据/地址的低 8 位。P1 口:内部提供上拉电阻,其缓冲器可以吸收的门电流量为 4TTL。将 P1 口的管脚写为“1”时,整个 P1 端口会被内部的上拉电阻上拉为高电平。P2 口:内部同样带有上拉电阻。P2 口缓冲器既允许接收电流,又允许输出电流。当 P2 口被写为“1”时,其作用与 P1 口完全相同。P2 口的特殊用途在于连接外部的程序存储器和 16 位地址的外部数据存储器。若作为 16 位地址的一部分时,P2 口输出所需地址的高 8 位,与 P0 口相配合。除此以外,它还可以利用内部拥有上拉

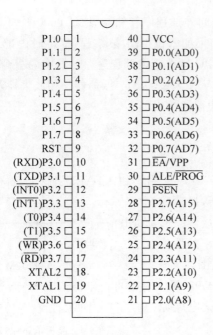

图 9-3　STC89C52RC 芯片引脚图

电阻的便利,当对外部的数据存储器实行读写操作(仅限 8 位地址)时,输出其特殊功能寄存器中的内容。P3 口:P3 口的基本用途和性质与其他端口并无不同,只是它可以作为单片机的特殊功能口,其功能列于表 9-1 中。

表 9-1　P3 口功能

端口引脚	特殊功能	端口标识
P3.0	串行输入口	RXD
P3.1	串行输出口	TXD
P3.2	输入外部中断 0	$\overline{INT0}$
P3.3	输入外部中断 1	$\overline{INT1}$
P3.4	计时器 0 外部输入	T0
P3.5	计时器 1 外部输入	T1
P3.6	外部数据存储器写选通	$\overline{WR}$
P3.7	外部数据存储器读选通	$\overline{RD}$

　　RST:复位输入。当振荡工作时,RST 引脚出现两个机器周期上高电平将使单片机复位。ALE/PROG:当访问外部程序存储器或数据存储器时,ALE(地址锁存允许)输出脉冲用于锁存地址的低 8 位字节。即使不访问外部存储器,ALE 仍以时钟振荡频率的 1/6 输出正脉冲信号,因此它可对外输出时钟或用于定时目的。PSEN:程序储存允许(PSEN)输出是外部程序存储器的读选通信号,当 STC89C52RC 由外部程序存储器取指令(或数据)时,每个机器周期两次 PSEN 有效,即输出两个脉冲。若访问外部数据存储器,高有两次有效的 PSEN 信号。

EA/VPP：外部访问允许。欲使 CPU 访问外部程序存储器(地址 0000H～FFFFH)，EA端必须保持低电平(接地)。需注意的是：如果加密位 LB1 被编程，复位时内部会锁存 EA端状态。如 EA 端为高电平(接 VCC 端)，CPU 则执行内部程序存储器中的指令。Flash 存储器编程时，该引脚加上＋12V 的编程电压 VPP。XTAL1：振荡器反相放大器及内部时钟发生器的输入端。XTAL2：振荡器反相放大器的输出端。

9.3.3　晶振电路 ◀

将晶体振荡器按图 9-4 所示方式连接到 XTAL1 引脚和 XTAL2 引脚上，就构成了晶振电路。图 9-4 所示是一种电容三点式振荡器，振荡信号的频率取决于晶振频率和两个电容的容量，其中，晶振频率又是主要因素。一般而言，晶振频率的取值范围在 0～33MHz 之间，两个电容的取值范围在 5～30pF 之间。根据实际情况，本设计采用11.0592MHz做系统的外部晶振，电容取值为 30pF。晶振电路原理图如图 9-4 所示。

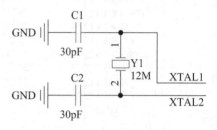

图 9-4　晶振电路原理图

9.3.4　复位电路 ◀

单片机复位可以让整个系统(单片机芯片本身)从一个确定的初始状态开始工作。在单片机刚刚上电时、断电后和执行出错时，复位都是必须的操作。单片机 RST 引脚是高电平有效。单片机在上电瞬间 C1 充电，RST 引脚端出现正脉冲，只要 RST 端保持两个机械周期(大约10ms)以上的高电平，单片机就能复位。在单片机工作后，如果还想再次复位，只需按下开关，单片机就能重新变成复位状态。当晶体振荡频率为 12MHz 时，RC 的典型值为 $C=10\mu F$，$R=8.2k\Omega$。单片机复位电路原理图如图 9-5 所示。

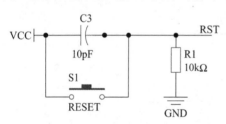

图 9-5　复位电路原理图

9.3.5　显示电路——LCD12864 液晶显示屏 ◀

带中文字库的 LCD12864 是一种具有 4 位/8 位并行、2 线或 3 线串行多种接口方式，内部含有国标一级、二级简体中文字库的点阵图形液晶显示模块，如图 9-6 所示。其显示分辨率为 128×64，内置 8192 个 16×16 点汉字和 128 个 16×8 点 ASCII 字符集。利用该模块灵活的接口方式和简单、方便的操作指令，可构成全中文人机交互图形界面，可以显示 8×4 行16×16 点阵的汉字，也可完成图形显示。低电压低功耗是其又一显著特点。由该模块构成的液晶显示方案与同类型的图形点阵液晶显示模块相比，不论硬件电路结构

图 9-6　LCD12864 液晶显示屏

或显示程序都要简单得多,且该模块的价格也略低于相同点阵的图形液晶模块。

LCD12864 具有 20 个引脚,如表 9-2 所示。在 LCD12864 的有关设计中,主要是通过编写程序控制 LCD12864 的 4、5、6 引脚来实现数据或者指令的写入和执行,再通过数据或者指令的写入和执行来进一步实现 LCD12864 的显示功能。LCD12864 的 20 个引脚和引脚对应功能如表 9-2 所示。

表 9-2 LCD12864 引脚说明

引 脚 号	引 脚 名	功 能
1	VSS	电源地
2	CC	电源正极(+5V)
3	EE	液晶显示对比度调节端
4	RS	0:输入指令;1:输入数据
5	R/W	读/写选择端
6	E	使能信号(串同步时钟信号)
7	B0	数据口
8	DB1	数据口
9	B2	数据口
10	B3	数据口
11	B4	数据口
12	B5	数据口
13	B6	数据口
14	B7	数据口
15	PSB	并/串选择:H 并行,L 串行
16	C	空脚
17	RST	复位,低电平有效
18	NC	空位
19	LA	背光电源正极
20	LK	背光电源负极

显示电路原理图如图 9-7 所示。通过 LCD 可以显示测距的距离及报警状态。

9.3.6 超声波测试模块

超声波模块采用现成的 HC-SR04 超声波模块,本模块性能稳定,测量距离精确,模块高精度,盲区小。该模块可提供 2~400cm 的非接触式距离感测功能,测距精度可高达 3mm。模块包括超声波发射器、接收器与控制电路。产品应用领域:机器人壁障、物体测距、液体检测、公共安防、停车场检测等。

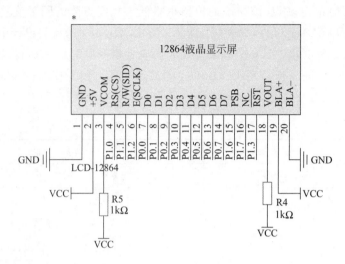

图 9-7　显示电路原理图

1. 超声波传感器原理

完成产生超声波和接收超声波这种功能的装置就是超声波传感器，习惯上称为超声换能器或者超声波探头。超声波探头主要由压电晶片组成，既可以发射超声波，也可以接收超声波。小功率超声探头多用于探测方面。

市面上常见的超声波传感器多为开放型，一个复合式振动器被灵活地固定在底座上。该复合式振动器是由谐振器以及一个金属片和一个压电陶瓷片组成的双压电晶片元件振动器。谐振器呈喇叭形，目的是能有效地辐射由于振动而产生的超声波，并且可以有效地使超声波聚集在振动器的中央部位。

当电压作用于压电陶瓷时，压电陶瓷就会随电压和频率的变化产生机械变形。此外，当振动压电陶瓷时，则会产生一个电荷。利用这一原理，当向由两片压电陶瓷或一片压电陶瓷和一个金属片构成的振动器（即双压电晶片元件）施加一个电信号时，就会因弯曲振动发射出超声波。相反，当向双压电晶片元件施加超声振动时，就会产生一个电信号。基于以上作用，便可以将压电陶瓷用于超声波传感器。

超声波的基本特性如下所述：

（1）波长

波的传播速度是用频率乘以波长来表示。电磁波的传播速度是 3×10^8 m/s，而声波在空气中的传播速度很慢，约为 344m/s（20℃时）。在这种比较低的传播速度下，波长很短，这就意味着可以获得较高的距离和方向分辨率。正是由于这种较高的分辨率特性，才使我们有可能在进行测量时获得很高的精确度。

（2）反射

要探测某个物体是否存在，超声波就能够在该物体上得到反射。由于金属、木材、混凝土、玻璃、橡胶和纸等可以反射近乎 100％ 的超声波，因此我们可以很容易地发现这些物体。由于布、棉花、绒毛等可以吸收超声波，因此很难利用超声波探测到它们。同时，由于不规则反射，通常可能很难探测到凹凸表面以及斜坡表面的物体，这些因素决定了超声波的理想测试环境是在空旷的场所，并且测试物体必须反射超声波。

（3）温度效应

声波传播的速度 c 可以用下列公式表示。$c=331.5+0.607t\ (\text{m/s})$，式中，$t=$ 温度（℃）也就是说，声音的传播速度随周围温度的变化而有所不同。因此，要精确地测量与某个物体之间的距离时，始终检查周围温度是十分必要的，尤其冬季室内外温差较大，对超声波测距的精度影响很大，此时可用 18B20 作温度补偿来减小温度变化所带来的测量误差，考虑到本设计的测试环境是在室内，而且超声波主要是用于测距功能，对测量精度要求不高，所以关于温度效应对系统的影响在这里不做深入的探讨。

2. 测距分析

最常用的超声测距的方法是回声探测法，超声波发射器向某一方向发射超声波，在发射时刻的同时计数器开始计时，超声波在空气中传播，途中碰到障碍物面阻挡就立即反射回来，超声波接收器收到反射回的超声波就立即停止计时。超声波在空气中的传播速度为 340m/s，根据计时器记录的时间 t，就可以计算出发射点距障碍物面的距离 s，即 $s=340t/2$。

由于超声波也是一种声波，其声速 V 与温度有关。在使用时，如果传播介质温度变化不大，则可近似认为超声波速度在传播的过程中是基本不变的。如果对测距精度要求很高，则应通过温度补偿的方法对测量结果加以数值校正。声速确定后，只要测得超声波往返的时间，即可求得距离。这就是超声波测距仪的基本原理，如图 9-8 所示。

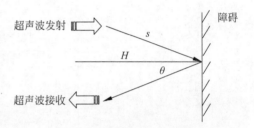

图 9-8　超声波的测距原理

$$H = s\cos\theta \tag{9-1}$$

$$\theta = \arctan\left(\frac{L}{H}\right) \tag{9-2}$$

式中，L 为两探头之间中心距离的一半。

又知超声波传播的距离为

$$2s = vt \tag{9-3}$$

式中，v 为超声波在介质中的传播速度；t 为超声波从发射到接收所需要的时间。

将式（9-2）、式（9-3）代入式（9-1）中得

$$H = \frac{1}{2}vt\cos\left(\arctan\frac{L}{H}\right) \tag{9-4}$$

式中，超声波的传播速度 v 在一定的温度下是一个常数（例如在温度 $T=30$℃时，$v=349\text{m/s}$）；

当需要测量的距离 H 远大于 L 时，则式（9-4）变为

$$H = \frac{1}{2}vt \tag{9-5}$$

所以，只需测量出超声波传播的时间 t，就可以得出测量的距离 H。

3. HC-SR04 模块

采用 IO 口 Trig 触发测距，给至少 $10\mu s$ 的高电平信号；模块自动发送 8 个 40kHz 的方波，自动检测是否有信号返回；有信号返回，则通过 IO 口 ECHO 输出一个高电平，高电平持续的

时间就是超声波从发射到返回的时间。测试距离＝(高电平时间×声速(340m/s))/2。模块原理图如图 9-9 所示,实物如图 9-10 所示。

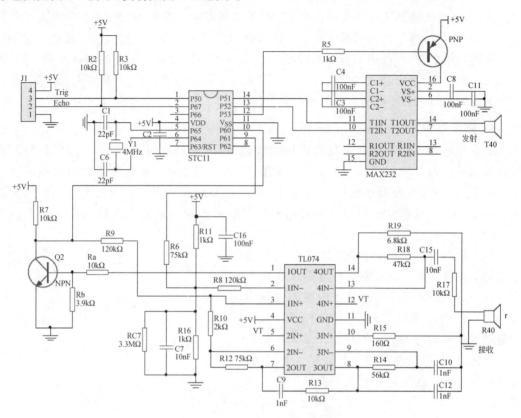

图 9-9　HC-SR04 超声波模块原理图

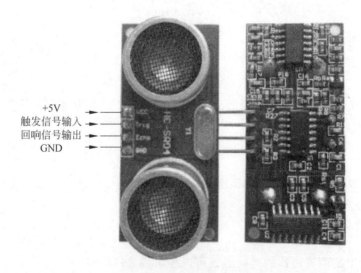

图 9-10　超声波模块实物图

其中 VCC 供 5V 电源,GND 为地线,Trig 触发控制信号输入,ECHO 回响信号输出等四支线。HC-SR04 芯片是超声波模块,它由 STC11 单片机、MAX232 电平转换芯片、

TL074 四个集成的运算放大器组成。使用 HC-SR04 超声波模块,可以很方便地与单片机连接,并且超声波测距的精度很高。

图 9-9 中,STC11 芯片是一个微控制器,用于控制超声波信号的发送和探测超声波信号。MAX232 芯片是单电源电平转换芯片,用来升压驱动超声波探头。TL074 芯片是一个低噪声运放,用来放大接收信号。

工作过程:单片机发送高脉冲启动信号后,当 Trig 收到一个宽度超过 $10\mu s$ 的高脉冲后,STC11 芯片控制 P53 脚置低,使得与 MAX232 的电源接口连接的三极管 PNP 导通,MAX232 芯片的电源打开,然后通过 P51 和 P52 脚输出 8 个 40kHz 脉冲信号给 MAX232 芯片,MAX232 芯片是电平转换芯片,在这里的作用就是电平转换,将 5V 电平转换为 12V 输出,以此提高了发射功率,功率的提高可以增加超声波检测的距离和精度。该 40kHz 脉冲信号通过 MAX232 放大后驱动超声波探头发出超声波,信号发送完成后将 P67 置高,P61 脚置低,等待回波。

超声波接收探头必须与超声波发射探头型号相同,否则可能导致接收效果不理想,甚至不能接收回波信号。由于超声波接收探头接收的回波信号非常弱,所以必须用放大器进行放大,本设计采用的是 TL074 四个集成的运算放大器,其放大器的连接图如图 9-11 所示。

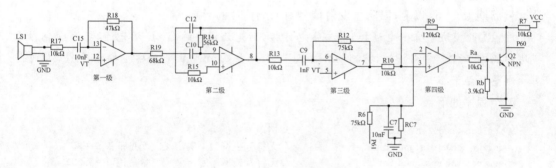

图 9-11　放大器的连接图

由于接收回来的信号幅值约为十几到几十毫伏,需要进行放大。第一级采用反向比例放大器,其放大倍数约为 4 倍,负极端连接的电容起到隔直流的作用;第二级采用滤波器,起到选频的作用;为了使信号得到适当的频率,第三级采用反向比例放大器,其放大倍数约为 7 倍;第四级采用同向比例放大器,其放大倍数约为 12 倍,其放大器负极端连接 RC 振荡器产生正弦波。四级放大倍数约为 300 倍,当超声波接收探头接收到回波后,接收放大电路便输出放大后的接收信号到 TL074 的第一通道同相输入口,使得三极管导通,通过三极管控制和 STC11 单片机的通信信号,STC11 的 P60 脚与三极管的集电极相连,此时 P60 脚置低,STC11 检测到这个变化便将 ECHO 脚置低,表示接收到了回波。ECHO 口的高电平持续时间即为超声波发送到接收的延迟时间,通过主控制器单片机定时器测量这个时间,即可计算出被测物和探头之间的距离。测试距离=高电平时间×340/2,单位为 m。

4. 超声波时序图

超声波时序图如图 9-12 所示。

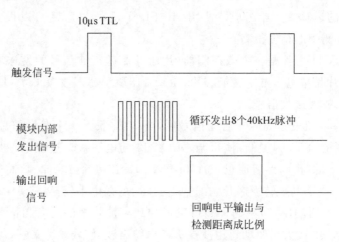

图 9-12　超声波时序图

以上时序图表明你只需要提供一个 $10\mu s$ 以上脉冲触发信号,该模块内部将发出 8 个 $40kHz$ 周期电平并检测回波。一旦检测到回波信号则输出回响信号。回响信号的脉冲宽度与所测的距离成正比。由此通过发射信号到收到的回响信号时间间隔可以计算得到距离。公式: $\mu s/58=cm$ 或者 $\mu s/148=in$;或是:距离＝高电平时间×声速($340m/s$)/2;建议测量周期为 $60ms$ 以上,以防止发射信号对回响信号的影响。

注:①此模块不宜带电连接,若要带电连接,则先让模块的 GND 端先连接,否则会影响模块的正常工作。②测距时,被测物体的面积不少于 $0.5m^2$ 且平面尽量要求平整,否则将影响测量的结果。

测距程序如下:

```
# include < reg52. h>               //调用单片机头文件
# define uchar unsigned char        //无符号字符型  宏定义  变量范围 0～255
# define uint unsigned int          //无符号整型   宏定义  变量范围 0～65535
# include < intrins. h>
# include "eeprom52. h"
# include "12864. h"
# include "delay. h"

sbit c_send = P2 ^ 1;               //超声波发射
sbit c_receive = P2 ^ 2;            //超声波接收

sbit beep = P2 ^ 0;                 //蜂鸣器 IO 口定义

long distance;                      //测量的距离
uint set_d;                         //设置报警距离
uchar flag_csb_juli;                //超声波超出量程
long flag_time0;                    //用来保存定时器 0 的时间

uchar flag = 0;
bit flag_300ms;
uchar code dis[ ] = {"测距仪"};
uchar code dis1[ ] = {"distance:"};
```

```
uchar code dis2[ ] = {"set value:"};
/ ********************* 延时函数 *************************** /
/ * void delay_1ms(uint q)
{
    uint i, j;
    for(i = 0; i < q; i++)
    for(j = 0; j < 120; j++);
}
void delay(uint z)
{
    uint x, y;
    for(x = 100; x > 0; x -- )
    for(y = z; y > 0; y -- );
} * /


/ ********************* 距离处理函数 *************************** /
void display()
{
    write_12864com(0x90);                    //设置地址
    delay_50us(1);
    write_12864dat('d');
    write_12864dat('i');
    write_12864dat('s');
    write_12864dat('t');
    write_12864dat('a');
    write_12864dat('n');
    write_12864dat('c');
    write_12864dat('e');
    write_12864dat(':');
    write_12864dat(0x30 + distance/100);
    write_12864dat('.');
    write_12864dat(0x30 + distance % 100/10);
    write_12864dat(0x30 + distance % 10);
    write_12864dat('m');
}


void baojing_distance()
{
    write_12864com(0x88);                    //设置地址
    delay_50us(1);
    write_12864dat('s');
    write_12864dat('e');
    write_12864dat('t');
    write_12864dat(' ');
    write_12864dat('v');
    write_12864dat('a');
    write_12864dat('l');
    write_12864dat('u');
    write_12864dat('e');
    write_12864dat(':');
    write_12864dat(0x30 + set_d/100);
```

```
        write_12864dat('.');
        write_12864dat(0x30 + set_d % 100/10);
        write_12864dat(0x30 + set_d % 10);
        write_12864dat('m');
}


/ ****************** 把数据保存到单片机内部 eeprom 中 ****************** /
void write_eeprom()
{
        SectorErase(0x2000);
        byte_write(0x2000, set_d % 256);
        byte_write(0x2001, set_d/256);
        byte_write(0x2058, a_a);
}


/ ****************** 把数据从单片机内部 eeprom 中读出来 ****************** /
void read_eeprom()
{
        set_d = byte_read(0x2001);
        set_d << = 8;
        set_d |= byte_read(0x2000);
        a_a = byte_read(0x2058);
}


/ ************** 开机自检 eeprom 初始化 ****************** /
void init_eeprom()
{
        read_eeprom();                      //先读
        if(a_a != 1)                        //新的单片机初始单片机内部 eeprom
        {
            set_d = 50;                     //设置报警初值 50cm
            a_a = 1;
            write_eeprom();                 //保存数据
        }
}
/ ******************** 独立按键程序 ****************** /
uchar key_can;                              //按键值
void key()                                  //独立按键程序
{
        key_can = 20;                       //按键值还原
        P3 |= 0xe0;
        //P3 |= 0x0c;
        if((P3 & 0xe0) != 0xe0)             //按键按下
        {
            delay(10);                      //按键消抖动
            if(((P3 & 0xe0) != 0xe0))       //确认是按键按下
            {
                switch(P3 & 0xe0)
                {
                    case 0x60: key_can = 3; break;      //得到 k2 键值,减 1,p3.7
                    case 0xa0: key_can = 2; break;      //得到 k3 键值,加 1,p3.6
```

```
        }
    }
        while(((P3 & 0xe0)!= 0xe0));        //确认按键释放
    }
}
/ *************** 按键处理显示函数 *************** /
void key_with()
{
    if(key_can == 2)
    {
        set_d++;                            //加 1
        if(set_d > 400)
            set_d = 400;
        write_eeprom();                     //保存数据
    }

    if(key_can == 3)
    {
        set_d -- ;                          //减 1
        if(set_d <= 1)
            set_d = 1;
        write_eeprom();                     //保存数据
    }
    baojing_distance();
    //write_eeprom();                       //保存数据
}
/ *************** 报警函数 *************** /
void clock_h_l()
{
    static uchar value;
    if(distance <= set_d)
    {
        value++;                            //消除实际距离在设定距离左右变化时的干扰
        if(value >= 2)
        {
            beep = ～beep;                  //蜂鸣器报警
        }
    }
    else
    {
        value = 0;
        beep = 1;                           //取消报警
    }
}

/ ***************** 小延时函数 ***************** /
void delay_10us()
{
    _nop_( );                               //执行一条_nop_()指令就是 1μs,为了 10μs 的高电平
    _nop_( );
    _nop_( );
```

```
        _nop_( );
        _nop_( );
        _nop_( );
        _nop_( );
        _nop_( );
        _nop_( );
        _nop_( );
}
/ ********************* 超声波测距程序 ***************************** /
void send_wave()
{
        c_send = 1;                          //10μs 的高电平触发
        delay_10us();
        c_send = 0;
        TH0 = 0;                             //给定时器 0 清零
        TL0 = 0;
        TR0 = 0;                             //关定时器 0 定时
        while(!c_receive);                   //当 c_receive 为 0 时,等待

        TR0 = 1;
        while(c_receive)                     //当 c_receive 为 1 时,计数并等待
        {
            flag_time0 = TH0 * 256 + TL0;

            if((flag_time0 > 60000))         //当超声波超过测量范围时,显示 3 个 888
            {
                TR0 = 0;
                flag_csb_juli = 2;
                distance = 450;
                break;
            }
            else
            {
                flag_csb_juli = 1;
            }
        }
        if(flag_csb_juli == 1)
        {
            TR0 = 0;                         //关定时器 0 定时
            distance = flag_time0;           //读出定时器 0 的时间
            distance * = 0.017;              //距离 = 时间×速度/2 = 时间(μs) × 0.034(cm/μs)/2;
                                             //声音速度 = 340m/s = 0.034cm/s
            if((distance > 450))             //距离 = 速度×时间
            {
                distance = 450;
            }                                //如果大于 4.5m 就超出超声波的量程,精度 2~450cm
        }
}


/ ********************* 定时器 0、定时器 1 初始化 ***************** /
void time_init()
```

```
{
    EA = 1;                          //开总中断
    TMOD = 0X11;                     //定时器 0、定时器 1 工作方式 1
    ET0 = 0;                         //关定时器 0 中断
    TR0 = 1;                         //允许定时器 0 定时
    ET1 = 1;                         //开定时器 1 中断
    TR1 = 1;                         //允许定时器 1 定时
}


/ *************** 主函数 ***************** /
void main()
{
    uchar i = 0;
    beep = 0;                        //开机叫一声
    //delay_1ms(150);
    //P0 = P1 = P2 = P3 = 0xff;       //初始化单片机 IO 口为高电平
    send_wave();                     //测距离函数
    display();
    baojing_distance();              //也显示报警距离

    init_12864();                    //12864 初始化
    time_init();                     //定时器初始化程序
    init_eeprom();                   //开始初始化保存的数据

    send_wave();                     //测距离函数
    send_wave();                     //测距离函数
    write_12864com(0x80 + 2);
    while(dis[i]!= '\0')
    {
        write_12864dat(dis[i]);
        i++;
    }
    while(1)
    {
        if(flag_300ms == 1)
        {
            flag_300ms = 0;
            clock_h_l();             //报警函数
            send_wave();
        }
        //clock_h_l();
        display();
        key();
        key_with();
    }
}


/ ******************** 定时器 1 中断服务程序 *********************** /
void time1_int() interrupt 3
```

```
    {
        static uchar value;              //定时 2ms 中断一次
        TH1 = 0xf8;
        TL1 = 0x30;                      //2ms
        //display();                     //显示函数
        value++;
        if(value >= 180)
        {
            value = 0;
            flag_300ms = 1;
        }
```

```
# include < reg52. h >
# include "12864. h"
# include "delay. h"
```

```
/ * 写指令 * /
void write_12864com(uchar com)
{
    rw = 0;
    rs = 0;                              //写指令
    delay_50us(1);
    P0 = com;                            //准备数据 数据口 P0
    e = 1;                               //读数据
    delay_50us(10);
    e = 0;                               //数据读完
    delay_50us(2);
}
```

```
/ * 写数据 * /
void write_12864dat(uchar dat)
{
    rw = 0;
    rs = 1;
    delay_50us(1);
    P0 = dat;
    e = 1;
    delay_50us(10);
    e = 0;
    delay_50us(2);
}
```

```
/ * 初始化 * /
void init_12864(void)
{
    delay_50ms(2);
    write_12864com(0x30);                //功能设定
    delay_50us(4);
```

```
    write_12864com(0x30);                //功能再设定
    delay_50us(4);
    write_12864com(0x0c);                //显示状态设定
    delay_50us(4);
    write_12864com(0x01);                //清屏设定
    delay_50ms(2);
    write_12864com(0x06);                //模式设定
    delay_50ms(2);
}


/ ******** STC89C51 扇区分布 *******
第一扇区：1000H -- 11FF
第二扇区：1200H -- 13FF
第三扇区：1400H -- 15FF
第四扇区：1600H -- 17FF
第五扇区：1800H -- 19FF
第六扇区：1A00H -- 1BFF
第七扇区：1C00H -- 1DFF
第八扇区：1E00H -- 1FFF
***************** /


/ ******** STC89C52 扇区分布 *******
第一扇区：2000H -- 21FF
第二扇区：2200H -- 23FF
第三扇区：2400H -- 25FF
第四扇区：2600H -- 27FF
第五扇区：2800H -- 29FF
第六扇区：2A00H -- 2BFF
第七扇区：2C00H -- 2DFF
第八扇区：2E00H -- 2FFF
***************** /


# define RdCommand 0x01                  //定义 ISP 的操作命令
# define PrgCommand 0x02
# define EraseCommand 0x03
# define Error 1
# define Ok 0
# define WaitTime 0x01                    //定义 CPU 的等待时间
sfr ISP_DATA = 0xe2;                      //寄存器声明
sfr ISP_ADDRH = 0xe3;
sfr ISP_ADDRL = 0xe4;
sfr ISP_CMD = 0xe5;
sfr ISP_TRIG = 0xe6;
sfr ISP_CONTR = 0xe7;


/ * ================ 打开 ISP, IAP 功能 ================  * /
void ISP_IAP_enable(void)
{
```

```c
    EA = 0;                                  /* 关中断 */
    ISP_CONTR = ISP_CONTR & 0x18;            /* 0001,1000 */
    ISP_CONTR = ISP_CONTR | WaitTime;        /* 写入硬件延时 */
    ISP_CONTR = ISP_CONTR | 0x80;            /* ISPEN = 1 */
}
/* =============== 关闭 ISP,IAP 功能 ================== */
void ISP_IAP_disable(void)
{
    ISP_CONTR = ISP_CONTR & 0x7f;            /* ISPEN = 0 */
    ISP_TRIG = 0x00;
    EA = 1;                                  /* 开中断 */
}
/* =============== 公用的触发代码 ================== */
void ISPgoon(void)
{
    ISP_IAP_enable();                        /* 打开 ISP,IAP 功能 */
    ISP_TRIG = 0x46;                         /* 触发 ISP_IAP 命令字节 1 */
    ISP_TRIG = 0xb9;                         /* 触发 ISP_IAP 命令字节 2 */
    _nop_();
}
/* ================== 字节读 ===================== */
unsigned char byte_read(unsigned int byte_addr)
{
    EA = 0;
    ISP_ADDRH = (unsigned char)(byte_addr >> 8);      /* 地址赋值 */
    ISP_ADDRL = (unsigned char)(byte_addr & 0x00ff);
    ISP_CMD = ISP_CMD & 0xf8;                          /* 清除低 3 位 */
    ISP_CMD = ISP_CMD | RdCommand;                     /* 写入读命令 */
    ISPgoon();                                         /* 触发执行 */
    ISP_IAP_disable();                                 /* 关闭 ISP,IAP 功能 */
    EA = 1;
    return (ISP_DATA);                                 /* 返回读到的数据 */
}
/* ================= 扇区擦除 ===================== */
void SectorErase(unsigned int sector_addr)
{
    unsigned int iSectorAddr;
    iSectorAddr = (sector_addr & 0xfe00);              /* 取扇区地址 */
    ISP_ADDRH = (unsigned char)(iSectorAddr >> 8);
    ISP_ADDRL = 0x00;
    ISP_CMD = ISP_CMD & 0xf8;                          /* 清空低 3 位 */
    ISP_CMD = ISP_CMD | EraseCommand;                  /* 擦除命令 3 */
    ISPgoon();                                         /* 触发执行 */
    ISP_IAP_disable();                                 /* 关闭 ISP,IAP 功能 */
}
/* ================== 字节写 ===================== */
void byte_write(unsigned int byte_addr, unsigned char original_data)
{
```

```
    EA = 0;
//  SectorErase(byte_addr);
    ISP_ADDRH = (unsigned char)(byte_addr >> 8);        /* 取地址 */
    ISP_ADDRL = (unsigned char)(byte_addr & 0x00ff);
    ISP_CMD = ISP_CMD & 0xf8;                           /* 清低 3 位 */
    ISP_CMD = ISP_CMD | PrgCommand;                     /* 写命令 2 */
    ISP_DATA = original_data;                           /* 写入数据准备 */
    ISPgoon();                                          /* 触发执行 */
    ISP_IAP_disable();                                  /* 关闭 IAP 功能 */
    EA = 1;
}
#endif
}
```

9.3.7　报警电路设计 ◄

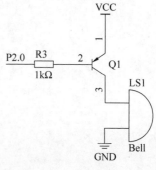

　　如图 9-13 所示,将一个 Speaker 和三极管、电阻接到单片机的 P13 引脚上,构成声音报警电路,当检测距离小于预设报警值时惊醒报警。

　　采用 PNP 2N3906 三极管作为开关电路,当检测的距离低于设定的报警距离值时,单片机的 I/O 端口产生高电平,发射结正偏,机电结反偏,因此三极管导通,相当于闭合开关,发射极集电极回路会产生电流,驱动蜂鸣器响,进行报警。

图 9-13　声音报警电路图

9.4　软 件 设 计

　　按上述工作原理和硬件结构分析可知系统主程序工作流程图如图 9-14 所示。

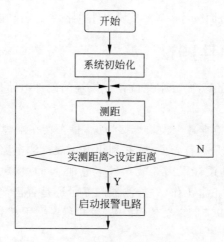

图 9-14　主程序工作流程图

超声波探测程序流程如图 9-15 所示。

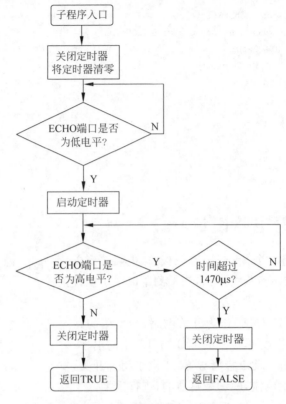

图 9-15　超声波探测程序流程图

9.5 系统测试及结果

通过以上的综合分析,进而组合搭建各模块硬件电路,并进行功能调试,以得到理想的结果。

9.5.1 系统硬件测试

对电路进行组合搭建前,需要分别测试各个模块的硬件电路是否工作正常。

测试流程为:

(1) 使用目测的方法,检查各个模块焊接情况,是否存在虚焊、连焊等不良情况,并核对元器件的型号、规格和安装是否符合要求,并利用万用表检测电路通断情况。

(2) 本系统电源部分的设计采用 3 节 5 号干电池 4.5V 供电。将蜂鸣器、LED 分别串联电阻接通电路,检测是否正常工作,并检测液晶显示屏是否正常。

(3) 对主控芯片 STC89C52 参考本章案例,编写程序并下载到单片机开发板上,检测器件是否完好。

(4) 若以上模块正常工作,根据原理图焊接电路并进行调试。

在焊接电路板时,应该从最基本的最小系统开始,分模块、逐个进行焊接测试,对各个硬件模块进行测试时,要在保证软件正确的情况下测试硬件。

9.5.2 系统软件测试 ◀

软件部分先参照本章例题,然后自己根据硬件电路编写程序,程序编写所采用的环境是 Keil,编写驱动程序和主程序后进行运行调试,然后将程序下载到单片机进行调试,若运行结果达不到要求,则返回修改代码,再下载程序调试,直至得到理想的结果。

9.5.3 测试结果 ◀

通过对本课题系统的分析及各个组件的实验研究,经过调试得到符合本课题要求的结果。系统测试图如图 9-16 所示。此时液晶屏第一行显示检测的距离,此外为 3.09m,第二行为预设报警值,此设置为 0.50m,当检测距离小于 0.50m 时,蜂鸣器报警,根据不同的场合,可以通过按键调节预设报警值。

图 9-16 系统测试图

本章研究了一种基于单片机技术的超声波智能测距报警系统,该系统以 STC89C52 单片机为工作处理器核心。超声波传感器是一种新颖的被动式超声波探测器件,能够以非接触测出前方物体距离,并将其转化为相应的电信号输出。报警系统的最大特点就是操作简单、易懂、灵活;且安装方便、智能性高、误报率低。随着现代人们安全意识的增强以及科学技术的快速发展,相信报警器必将在更广阔的领域得到更深层次的应用。

第 **10** 章

电子密码锁设计

随着科学技术的发展,人们的生活水平不断提高,楼宇自动化、电子门防盗系统等越来越受到人们的重视。传统的机械锁由于结构简单,安全性能比较低,无法满足人们的需要,电子密码锁在安全防盗方面显得尤为重要。

本设计使用 51 单片机控制电子密码锁,以单片机与存储器 AT24C02 作为主控芯片与数据存储器单元,并结合外围的键盘输入、LCD 液晶显示、报警模块、开锁模块等电路模块。它能实现以下功能:密码输入正确时,开锁;密码输入错误时,报警并锁定键盘,但可以按切换键切换;用户可以根据需要来更改密码。本密码锁具有设计方法合理,简单易行,成本低,安全实用等特点。通过本章的学习,读者应掌握 I^2C 总线的应用,对 AT24C02 的编程及使用,使用单片机对继电器进行控制及驱动。

10.1 设计任务及要求

1. 设计任务

(1) 设计一个电子密码锁装置,为了防止密码被窃取,要求在输入密码时在 LCD 屏幕上显示 * 号,开锁密码为 6 位。

（2）输入密码时显示 INPUT PASSWORD 提示，LCD 能够在密码正确时显示 PASSWORD OK，在密码错误时显示 PASSWORD ERROR 并报警。

（3）输入密码错误超过限定的 3 次，电子密码锁定。

（4）修改密码功能，密码可以由用户自己修改设定，修改密码之前必须再次输入密码，在输入新密码时候需要二次确认，以防止误操作。

（5）4×4 的矩阵键盘中包括 0～9 的数字键和 A～F 的功能键。

（6）系统支持掉电保护密码的功能和复位保存功能。

2．关键问题

（1）I²C 总线的应用技术，单片机与 AT24C02 的通信问题。

（2）单片机与继电器的连接。

10.2　设计方案论证

选用 STC89C52RC 单片机作为系统的核心部件，实现控制和处理的功能。单片机具有容易编程、引脚资源丰富、处理速度快等优点。利用单片机内部的随机存储器 RAM 和只读存储器 ROM 及其引脚资源，外接 LCD 液晶显示屏、4×4 键盘等实现数据的处理传输和显示功能，能实现设计的工作要求。其中 4×4 键盘用于输入密码和实现相应功能。由用户通过 4×4 键盘输入密码，经过单片机对用户输入的密码与自己保存的密码进行比较，来判断密码是否正确，然后将引脚的高低电平传到开锁电路或报警电路，控制开锁或报警。

在单片机的外围电路外接输入键盘用于密码的输入和一些功能的控制，外接 AT24C02 芯片用于密码的存储，外接 LCD12864 显示屏用于显示作用。当用户需要开锁时，先按键盘开锁键，再按键盘的数字键 0～9 和 A～D 输入密码。如果密码输入正确则开锁，不正确则显示密码错误，请重新输入密码，出现三次密码错误则发出报警；当用户需要修改密码时，先按下键盘设置键，再输入原来的密码，只有当输入的原密码正确后才能设置新密码。新密码需要输入两次，只有两次输入的新密码相同才能成功修改密码并存储。

系统整体结构框图如图 10-1 所示。

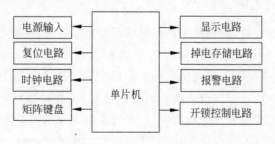

图 10-1　系统整体结构框图

可以看出控制方案准确性好且保密性强,还具有扩展功能,根据现实生活的需要,采用电磁式的电子锁或电机式的电子锁。

10.3 系统硬件设计

10.3.1 电路总体构成

本设计外围电路包括键盘输入电路、复位电路、晶振电路、显示电路、报警电路等。结合本设计的原定目标,键盘输入电路选择 4×4 矩阵键盘,显示电路选择 LCD12864 显示屏来完成。总体电路图如图 10-2 所示。

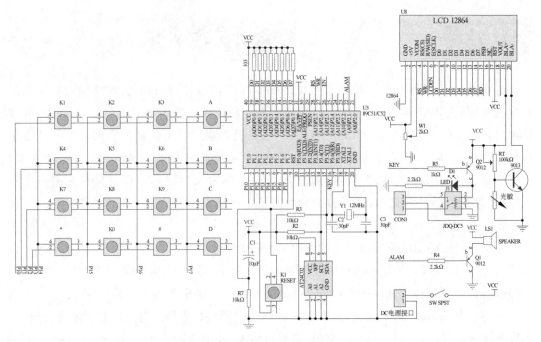

图 10-2　总体电路图

10.3.2 矩阵键盘

键盘是一组按键的组合,按键通常是一种常开型按钮开关,平时按键的两个出点处于断开状态,按下按键时它们才闭合。从键盘的结构来分类,键盘可以分为独立式和矩阵式两类,每一类按其识别方法又可以分为编码和未编码键盘两种。键盘上闭合键的识别由专门的硬件译码器实现并产生编号或键值的称为编码键盘,由软件识别的称为未编码键盘。在由单片机组成的测控系统及智能化仪器中,用得较多的是未编码键盘。

本设计所用到的按键数量较多,因此不适合用独立按键式键盘,而是采用矩阵式按键键盘,它由行线和列线组成,也称行列式键盘,按键位于行列的交叉点上,密码锁的密码由键盘输入完成,与独立式按键键盘相比,要节省很多 I/O 口。

　　每一条水平(行线)与垂直线(列线)的交叉处不相通,而是通过一个按键来连通,利用这种行列式矩阵结构只需要 M 条行线和 N 条列线,即可组成具有 $M \times N$ 个按键的键盘。由于本设计中要求使用 4×4, 16 个按键输入,为减少键盘与单片机接口时所占用的 I/O 线的数目,故使用矩阵键盘。本设计中,矩阵键盘行线和单片机 P1.4～P1.7 相连,列线与单片机 P1.0～P1.3 相连。键盘扫描采用行扫描法,即依次置行线中的每一行为低电平,其余均为高电平,扫描列线电平状态,为低电平即表示该键按下。矩阵键盘设计电路图如图 10-3 所示。

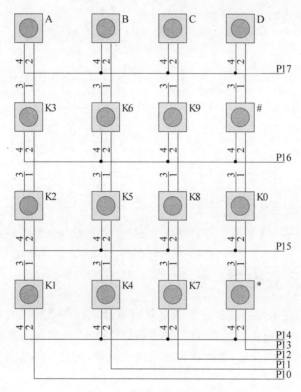

图 10-3　矩阵键盘设计电路

10.3.3　开锁控制电路 ◀

　　开锁控制电路的功能是当输入正确的密码后将锁打开。系统使用单片机的某一引脚先发出信号,经三极管放大后,由继电器驱动电磁阀动作将锁打开。电磁继电器一般由铁芯、线圈、衔铁、触点簧片等组成。只要在线圈两端加上一定的电压,线圈中就会流过一定的电流,从而产生电磁效应,衔铁就会在电磁力吸引的作用下克服返回弹簧的拉力吸向铁芯,从而带动衔铁的动触点与静触点(常开触点)吸合。当线圈断电后,电磁的吸力也随之消失,衔铁就会在弹簧的反作用力下返回原来的位置,使动触点与原来的静触点(常闭触点)释放。这样吸合、释放,从而达到了在电路中的导通、切断的目的。对于继电器的"常开、常闭"触点,可以这样来区分:继电器线圈未通电时处于断开状态的静触点,称为"常开触点";处于接通状态的静触点称为"常闭触点"。继电器一般有两股电路：低压控制电路和高压工作电路。

开锁控制电路如图 10-4 和图 10-5 所示。用户通过键盘任意设置密码，并储存在EEPROM 中作为锁码指令。只有用户操作键盘时，单片机的电源端才能得到 5V 电源，否则，单片机处于节电工作方式。开锁步骤如下：首先按下键盘上的开锁按键，然后利用键盘上的数字键 0～9 输入密码，最后按下确认键。当用户输入密码后，单片机自动识码，如果识码不符，则报警。只有当识码正确，单片机才能控制电子锁内的微型继电器吸合。当继电器吸合以后带动锁杆伸缩，这时，锁勾在弹簧的作用下弹起，完成本次开锁。开锁以后，单片机自动清除掉由用户输入的这个密码。

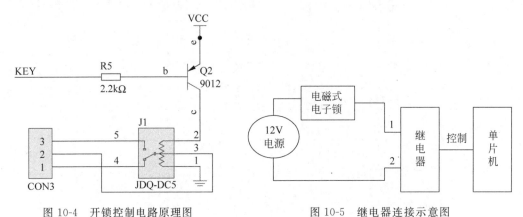

图 10-4　开锁控制电路原理图　　　　图 10-5　继电器连接示意图

10.3.4　报警电路 ◀

报警部分由陶瓷压电发声装置及外围电路组成，加电后不发声，当有键按下时，"叮"一声，每按一下，发声一次，当密码正确时，不发声直接开锁，当密码输入错误时，单片机的 P2.1 引脚为低电平，三极管 Q1 导通，轰鸣器发出噪鸣声报警，如图 10-6 所示。

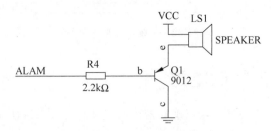

图 10-6　报警电路原理图

10.3.5　密码存储电路 ◀

10.3.5.1　存储芯片 AT24C02

AT24C02 是美国 Atmel 公司生产的低功耗 CMOS 型 E^2PROM 数据存储器，内含 256 字节单元，具有工作电压宽（1.8～5.5V）、多次电可擦写、写入速度快（小于 10ms）、抗干扰能力强、数据不易丢失、体积小等特点。而且它是采用了 I²C 总线式进行数据读写的串行器件，占用很少的 I/O 资源和线，支持在线编程，实时存取数据十分方便。AT24C02 中带有的片内地址寄存器。每写入或读出一个数据字节后，该地址寄存器自动加 1，以实现对下一个存储单元的读写。所有字节均以单一操作方式读取。有一个专门的写保护功能（WP＝1 时即为写保护）。为降低总的写入时间，一次操作可写入多达 8 个字节的数据。

I²C（Inter-Integrated Circuit）总线是由 Philips 公司开发的两线式串行总线，用于连接微控制器及其外围设备，是微电子通信控制领域广泛采用的一种总线标准。它是同步通信的一种特殊形式，具有接口线少、控制方式简单、器件封装形式小、通信速率较高等优点。通过串行数据（SDA）线和串行时钟（SCL）线在连接到总线的器件间传递信息。每个器件都有一个唯一的地址识别，而且都可以作为一个发送器或接收器。

AT24C02 引脚图如图 10-7 所示。A0～A2 是器件地址输入端。在本设计中，A0～A2 都接地，故其值都为 0。VCC 是 1.8～6.0V 工作电压。VSS 为地或电源负极。SCL 是串行时钟输入端，数据发送或者接收的时钟从此引脚输入。SDA 是串行/数据地址线，用于传送地址和发送或者接收数据，是双向传送端口。WP 是写保护端，WP＝1 时，只能读出，不能写入；WP＝0 时，允许正常的读写操作。

电路连接图如图 10-8 所示。WP 接地写保护是打开状态，A0、A1、A2 接地，为全 0 的状态，该电路只有 1 片 AT24C02 作为从机设备，地址译码端 A0、A1、A2 全为低电平。

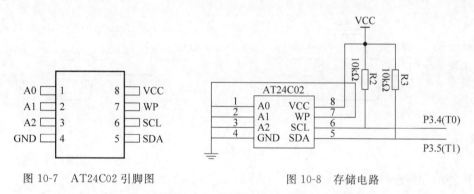

图 10-7　AT24C02 引脚图　　　　图 10-8　存储电路

10.3.5.2　24C02 在本系统的工作过程

1. I²C 总线的起止信号

I²C 总线只要求两条线路：一条串行数据线 SDA，一条串行时钟线 SCL；SCL 线是高电平时，SDA 线从高电平向低电平切换，这个情况表示起始条件；SCL 线是高电平时，SDA 线由低电平向高电平切换，这个情况表示停止条件。起始和停止条件一般由主机产生，总线在起始条件后被认为处于忙的状态，在停止条件的某段时间后总线被认为再次处于空闲状态。开始和停止的程序如下，可以看出程序的编写是严格按照时序规定的节奏。I²C 时序图如图 10-9 所示。

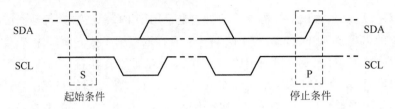

图 10-9 I^2C 总线的起始和终止信号

程序如下:

```
/** 24C02 程序参照 24C02 时序图 ****/        /* 停止条件 */
/* 开始信号 */                              //结束 I²C 总线,即发送 I²C 结束信号
//启动 I²C 总线,即发送 I²C 开始信号         void Stop(void)
void Start(void)                           {
{    Sda = 1;                                   Sda = 0;
     Scl = 1;                                   Scl = 1;
     Nop();      //延时,建立时间应大于 4μs   Nop();      //结束信号建立时间大于 4μs
     Sda = 0;    //发送开始信号              Sda = 1;    //发送 I²C 总线结束信号
     Nop();                                     Nop();
}                                          }
```

2. I^2C 总线的应答信号

I^2C 总线应用有严格的时序要求,每次读写数据都要有相应的应答信号,时序图如图 10-10 所示。

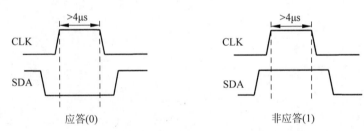

图 10-10 I^2C 总线的应答信号

应答的程序及时序如下:

```
/* 应答位 */                                /* 反向应答位 */
//主机答 0 程序,主机接收一个字节数据应       //主机答 1 程序,主机接收最后一个字节数据
//答 0                                      //应答 1
void Ack(void)                             void NoAck(void)
{                                          {
     Sda = 0;                                   Sda = 1;
     Nop();                                     Nop();
     Scl = 1;                                   Scl = 1;
     Nop();                                     Nop();
     Scl = 0;                                   Scl = 0;
}                                          }
```

3. AT24C02 的读写过程

I^2C 总线是以串行方式传输数据,从数据字节的最高位开始传送,每一个数据位在 SCL

上都有一个时钟脉冲相对应。在时钟线高电平期间数据线上必须保持稳定的逻辑电平状态,高电平为数据 1,低电平为数据 0。只有在时钟线为低电平时,才允许数据线上的电平状态变化,如图 10-11 所示。

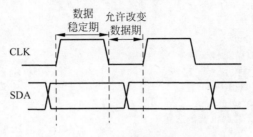

图 10-11　I²C 总线的数据有效性期

　　一般情况下,一个标准的 I²C 通信由四部分组成:开始信号、从机地址传输、数据传输、停止信号。由主机发送一个开始信号,启动一次 I²C 通信,在主机对从机寻址后,再在总线上传输数据。I²C 总线上传送的每一个字节均为 8 位,首先发送的数据位为最高位,每传送一个字节后都必须跟随一个应答位,每次通信的数据字节数是没有限制的,在全部数据传送结束后,由主机发送停止信号,结束通信。由表 10-1 可知,写命令为:10100000(0xa0),读命令为:10100001(0xa1)。读写 n 个字节的数据格式,如图 10-12 和图 10-13 所示。

表 10-1　对 AT24C02 的读写控制字的规定

	高 4 位为固定标示				片选 A2,A1,A0	读/写
写命令	1	0	1	0	都接地了,因此 000	0
读命令	1	0	1	0	都接地了,因此 000	1

起始	写命令字	应答	写首地址	应答	数据1	应答	数据2	应答	…	数据n	应答	结束

图 10-12　写入 n 个字节数据的格式

起始	伪写命令	应答	读首地址	应答	起始	读命令	应答	数据1	应答	…	数据n	非应答	结束

图 10-13　读出 n 个字节数据的格式

　　程序如下:程序中的 Nop 函数是延时 $4\mu s$ 的子函数。从程序可以看出是严格遵守上述命令格式的。

```
/* 发送一字节数据,Data 为要求发送的数据 */
    void Send(uchar Data)
    {      uchar BitCounter = 8;      //一字节 8 位
           uchar temp;
           do
           {temp = Data;
    //将待发送数据暂存 temp
               Scl = 0;
               Nop();
```

```
                        if((temp&0x80) == 0x80)
        //判断最高位是 0 还是 1
                    Sda = 1;
                    else
                    Sda = 0;
                    Scl = 1;
                    temp = Data << 1;
            //将 Data 中的数据左移一位
                    Data = temp;
        //数据左移后重新赋值 Data
                    BitCounter -- ;
        //该变量减到 0 时,数据也就传送完成了
            }
                while(BitCounter);
        //判断是否传送完成
            Scl = 0; }
/ * 接收一字节的数据,并返回该字节值 * /
        uchar Read(void)
        {   uchar temp = 0;
            uchar temp1 = 0;
            uchar BitCounter = 8;
            Sda = 1;                     //置数据线为输入方式
            do
            {Scl = 0;                    //置时钟线为低电平,准备接收数据
                Nop();
                Scl = 1;                 //置时钟线为高电平,数据线上数据有效
                Nop();
                if(Sda)                  //数据位是否为 1
                    temp = temp|0x01;    //为 1 temp 的最低位为 1(|0x01,就是将最低位变为 1)
                else                     //如果为 0
                    temp = temp&0xfe;    //temp 最低位为 0(&0xfe(11111110)最低位就是 0)
                if(BitCounter - 1)       //BitCounter 减 1 后是否为真
                {
                    temp1 = temp << 1;   //temp 左移
                    temp = temp1;
                }
                BitCounter -- ;          //BitCounter 减到 0 时,数据就接收完了
            }
            while(BitCounter);           //判断是否接收完成
            return(temp);                //返回接收的 8 位数据
        }
    //向器件指定地址按页写函数,参照写入 n 个字节的数据格式
Void WrToROM(uchar Data[ ],uchar Address,uchar Num)
        {
        uchar i;
            uchar * PData;
            PData = Data;
            for(i = 0;i < Num;i++)
        //连续传送数据字节
            {   Start();
        //开始发送信号,启动 I²C 总线
```

```
        Send(0xa0);
    //发送器件地址码
        Ack();                          //应答
        Send(Address + i);
    //发送器件单元地址
        Ack();                          //应答
        Send( * (PData + i));
    //发送数据字节
        Ack();                          //应答
        Stop();                         //结束
        mDelay(20);
        }
    }


//从器件制定地址读出多个字节,参考读出 n 个字节的数据格式
void RdFromROM(uchar Data[],uchar Address,uchar Num)
{
    uchar i;
    uchar * PData;
    PData = Data;
    for(i = 0;i < Num;i++)
    //连续读入字节数据
    {   Start();
    //开始发送信号,启动 I²C 总线
        Send(0xa0);
    //发送器件地址码
        Ack();                          //应答
        Send(Address + i);
    //发送器件单元地址
        Ack();                          //应答
        Start();
    //重新发送开始信号,启动 I²C 总线
        Send(0xa1);
    //发送器件地址码
        Ack();                          //应答
        * (PData + i) = Read();
    //读入字节数据
        Scl = 0;
        NoAck();                        //非应答
        Stop();                         //结束
        }
}
```

10.4 　系统软件设计

10.4.1　系统程序设计流程图 ◀

主程序流程图如图 10-14 所示。

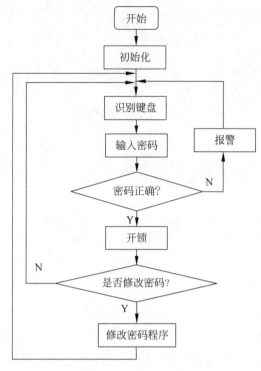

图 10-14　主程序流程图

键盘扫描流程图如图 10-15 所示。

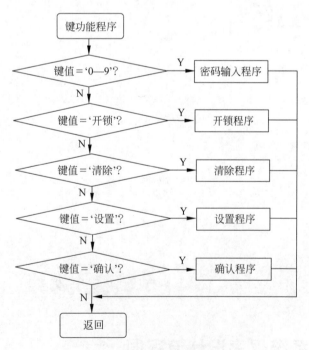

图 10-15　键盘扫描流程图

密码设计流程图如图 10-16 所示。

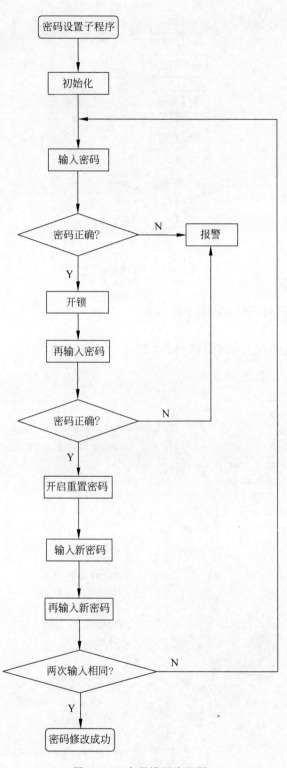

图 10-16　密码设置流程图

开锁流程图如图 10-17 所示。

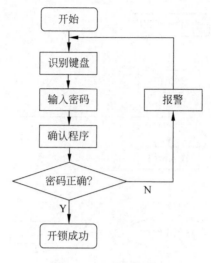

图 10-17　开锁流程图

10.4.2　系统程序设计 ◀

程序软件包括显示部分、键盘部分、存储部分和开锁逻辑判断部分。主要的程序段如下：

```
//包含头文件
#include<REG51.h>
#include<intrins.h>                    //宏定义
#define LCM_Data P0                    //将 P0 口定义为 LCM_Data
#define uchar unsigned char
#define uint unsigned int              //12864 的控制脚
sbit lcd12864_rs = P2^7;
sbit lcd12864_rw = P2^6;
sbit lcd12864_en = P2^5;
sbit lcd12864_psb = P3^7;

sbit Scl = P3^4;                       //24C02 串行时钟
sbit Sda = P3^5;                       //24C02 串行数据

sbit ALAM = P2^1;                      //报警
sbit KEY = P3^6;                       //开锁

sbit Mz = P3^0;                        //电机控制
sbit Mf = P3^1;

bit pass = 0;                          //密码正确标志
bit ReInputEn = 0;                     //重置输入允许标志
bit s3_keydown = 0;                    //3s 按键标志位
bit key_disable = 0;                   //锁定键盘标志
unsigned char countt0,second;          //t0 中断计数器,秒计数器
```

```
void Delay5Ms(void);                    //声明延时函数
void just();
void turn();
void motorstop();

unsigned char code a[ ] = {0xFE,0xFD,0xFB,0xF7};  //控盘扫描控制表
//液晶显示数据数组

unsigned char code start_line[ ] = {"请输入密码：  "};
unsigned char code name[ ]        = {"猫猫密码锁＊^__^＊"};     //显示名称
unsigned char code Correct[ ]     = {"  正确          "};      //输入正确
unsigned char code Error[ ]       = {"密码错误 T.T   "};       //输入错误
unsigned char code codepass[ ]    = {"  通过          "};
unsigned char code LockOpen[ ]    = {"开锁成功 ^_^"};          //OPEN
unsigned char code SetNew[ ]      = {"重置密码允许   "};
unsigned char code Input[ ]       = {"              "};        //INPUT
unsigned char code ResetOK[ ]     = {"重置密码成功!  "};
unsigned char code initword[ ]    = {"恢复出厂设置   "};
unsigned char code Er_try[ ]      = {"错误,请重新输入"};
unsigned char code again[ ]       = {"请重新输入!   "};

unsigned char InputData[6];                    //输入密码暂存区
unsigned char CurrentPassword[6]={1,3,1,4,2,0};     //管理员密码(只可在程序中修改)
unsigned char TempPassword[6];
unsigned char N = 0;                           //密码输入位数记数
unsigned char ErrorCont;                       //错误次数计数
unsigned char CorrectCont;                     //正确输入计数
unsigned char ReInputCont;                     //重新输入计数
unsigned char code initpassword[6] = {0,0,0,0,0,0};   //输入管理员密码后将密码初始为000000

// ==================== 5ms 延时 ============================
void Delay5Ms(void)
{
    unsigned int TempCyc = 5552;
    while(TempCyc -- );
}


// ==================== 400ms 延时 ============================
void Delay400Ms(void)
{
unsigned char TempCycA = 5;
unsigned int TempCycB;
while(TempCycA -- )
{
  TempCycB = 7269;
  while(TempCycB -- );
 }
}
//100ms 延时
void Delay100Ms(void)
{
```

```
unsigned char i,j,k;
for(i = 5;i > 0;i-- )
 for(j = 132;j > 0;j-- )
  for(k = 75;k > 0;k-- );
}



// ============================ 24C02 ============================ //
void mDelay(uint t) //延时
{
    uchar i;
    while(t-- )
    {
        for(i = 0;i < 125;i++)
        {;}
    }
}


void Nop(void)                        //空操作
{
    _nop_();                          //仅作延时用一条语句大约 1μs
    _nop_();
    _nop_();
    _nop_();
}

/ ***** 24c02 程序参照 24c02 时序图 ***** /
/ * 起始条件 * /

void Start(void)
{
    Sda = 1;
    Scl = 1;
    Nop();
    Sda = 0;
    Nop();
}

/ * 停止条件 * /
void Stop(void)
{
    Sda = 0;
    Scl = 1;
    Nop();
    Sda = 1;
    Nop();
}

/ * 应答位 * /
void Ack(void)
{
```

```
    Sda = 0;
    Nop();
    Scl = 1;
    Nop();
    Scl = 0;
}

/* 反向应答位 */
void NoAck(void)
{
    Sda = 1;
    Nop();
    Scl = 1;
    Nop();
    Scl = 0;
}

/* 发送数据子程序,Data 为要求发送的数据 */
void Send(uchar Data)
{
    uchar BitCounter = 8;
    uchar temp;
    do
    {
        temp = Data;                 //将待发送数据暂存 temp
        Scl = 0;
        Nop();
        if((temp&0x80) == 0x80)      //将读到的数据 &0x80
        Sda = 1;
        else
        Sda = 0;
        Scl = 1;
        temp = Data << 1;            //数据左移
        Data = temp;                 //数据左移后重新赋值 Data
        BitCounter -- ;              //该变量减到 0 时,数据也就传送完成了
    }
    while(BitCounter);               //判断是否传送完成
    Scl = 0;
}

/* 读一字节的数据,并返回该字节值 */
uchar Read(void)
{
    uchar temp = 0;
    uchar temp1 = 0;
    uchar BitCounter = 8;
    Sda = 1;
    do
    {
        Scl = 0;
        Nop();
```

```
            Scl = 1;
            Nop();
            if(Sda)                    //数据位是否为1
                temp = temp|0x01;      //为1,则 temp 的最低位为1(|0x01,就是将最低位变为1)
            else                       //如果为0
                temp = temp&0xfe;      //temp 最低位为 0(&0xfe(11111110)最低位就是 0)
            if(BitCounter - 1)         //BitCounter 减 1 后是否为真
            {
                temp1 = temp << 1;     //temp 左移
                temp = temp1;
            }
            BitCounter -- ;            //BitCounter 减到 0 时,数据就接收完了
        }
    while(BitCounter);                 //判断是否接收完成
    return(temp);
}


void WrToROM(uchar Data[], uchar Address, uchar Num)
{
  uchar i;
  uchar * PData;
  PData = Data;
  for(i = 0; i < Num; i++)
  {
  Start();
  Send(0xa0);
  Ack();
  Send(Address + i);
  Ack();
  Send( * (PData + i));
  Ack();
  Stop();
  mDelay(20);
  }
}


void RdFromROM(uchar Data[], uchar Address, uchar Num)
{
  uchar i;
  uchar * PData;
  PData = Data;
  for(i = 0; i < Num; i++)
  {
  Start();
  Send(0xa0);
  Ack();
  Send(Address + i);
  Ack();
  Start();
  Send(0xa1);
  Ack();
```

```
    * (PData + i) = Read();
    Scl = 0;
    NoAck();
    Stop();
    }
}


// ============================== LCD12864 ==========================
#define yi 0x80 //LCD 第一行的初始位置
#define er 0x90 //LCD 第二行初始位置
//---------------- 延时函数,后面经常调用 ----------------------
void delay(uint xms)//延时函数,有参函数
{
    uint x,y;
    for(x = xms;x > 0;x -- )
     for(y = 110;y > 0;y -- );
}
//------------------------- 写指令 ---------------------------
void write_12864com(uchar com)// **** 液晶写入指令函数 ****
{
    lcd12864_rs = 0;              //数据/指令选择置为指令
    lcd12864_rw = 0;              //读写选择置为写
    lcd12864_en = 0;
    P0 = com;                     //送入数据
    delay(1);
    lcd12864_en = 1;              //拉高使能端,为制造有效的下降沿做准备
    delay(1);
    lcd12864_en = 0;              //en 由高变低,产生下降沿,液晶执行命令
}
//------------------------- 写数据 ---------------------------
void write_12864dat(uchar dat)// *** 液晶写入数据函数 ****
{
    lcd12864_rs = 1;              //数据/指令选择置为数据
    lcd12864_rw = 0;              //读写选择置为写
    lcd12864_en = 0;
    P0 = dat;                     //送入数据
    delay(1);
    lcd12864_en = 1;              //en 置高电平,为制造下降沿做准备
    delay(1);
    lcd12864_en = 0;              //en 由高变低,产生下降沿,液晶执行命令
}
//------------------------- 初始化 ---------------------------
void lcd_init(void)
{
    lcd12864_psb = 1;
    write_12864com(0x30);         //设置液晶工作模式
    write_12864com(0x0c);         //开显示不显示光标
    write_12864com(0x06);         //整屏不移动,光标自动右移
    write_12864com(0x01);         //清显示
}
```

```
// ============== 将按键值编码为数值 ========================
unsigned char coding(unsigned char m)
{
    unsigned char k;
        switch(m)
    {
        case (0x11): k = 1;break;
        case (0x21): k = 2;break;
        case (0x41): k = 3;break;
        case (0x81): k = 'A';break;
        case (0x12): k = 4;break;
        case (0x22): k = 5;break;
        case (0x42): k = 6;break;
        case (0x82): k = 'B';break;
        case (0x14): k = 7;break;
        case (0x24): k = 8;break;
        case (0x44): k = 9;break;
        case (0x84): k = 'C';break;
        case (0x18): k = ' * ';break;
        case (0x28): k = 0;break;
        case (0x48): k = ' # ';break;
        case (0x88): k = 'D';break;
    }
    return(k);
}
// =================== 按键检测并返回按键值 ============================
unsigned char keynum(void)
{
    unsigned char row,col,i;
    P1 = 0xf0;
    if((P1&0xf0)!= 0xf0)
    {
        Delay5Ms();
        Delay5Ms();
        if((P1&0xf0)!= 0xf0)
        {
        row = P1 ^ 0xf0;                    //确定行线
            i = 0;
            P1 = a[i];                      //精确定位
            while(i < 4)
            {
                if((P1&0xf0)!= 0xf0)
                {
                        col = ~(P1&0xff);   //确定列线
                        break;              //已定位后提前退出
                }
                else
                {
                        i++;
                        P1 = a[i];
                }
```

```
            }
        }
        else
        {
            return 0;
        }
            while((P1&0xf0)!= 0xf0);
        return (row|col);                    //行线与列线组合后返回
    }
    else return 0;                           //无键按下时返回 0
}
// ======================= 一声提示音,表示有效输入 ========================
void OneAlam(void)
{
    ALAM = 0;
    Delay5Ms();
    ALAM = 1;
}
// ======================= 二声提示音,表示操作成功 ========================
void TwoAlam(void)
{
    ALAM = 0;
    Delay5Ms();
    ALAM = 1;
    Delay5Ms();
    ALAM = 0;
    Delay5Ms();
    ALAM = 1;
}
// ======================= 三声提示音,表示错误 ========================
void ThreeAlam(void)
{
    ALAM = 0;
    Delay5Ms();
    ALAM = 1;
    Delay5Ms();
    ALAM = 0;
    Delay5Ms();
    ALAM = 1;
    Delay5Ms();
    ALAM = 0;
    Delay5Ms();
    ALAM = 1;
}
// ===================== 显示提示输入 ========================
void DisplayChar(void)
{
    unsigned char i;
    if(pass == 1)
    {
        //DisplayListChar(0,1,LockOpen);
```

```
                write_12864com(er);                    //在二行开始显示
                for(i = 0;i < 16;i++)
                {
                    write_12864dat(LockOpen[i]);        //显示 open,开锁成功
                }
            }
            else
            {
                if(N == 0)
                {
                    //DisplayListChar(0,1,Error);
                    write_12864com(er);
                    for(i = 0;i < 16;i++)
                    {
                        write_12864dat(Error[i]);       //显示错误
                    }
                }
                else
                {
                    //DisplayListChar(0,1,start_line);
                    write_12864com(er);
                    for(i = 0;i < 16;i++)
                    {
                        write_12864dat(start_line[i]);  //显示开始输入
                    }
                }
            }
        }
    }


// ====================== 重置密码 ===========
void ResetPassword(void)
{
    unsigned char i;
    unsigned char j;
    if(pass == 0)
    {
        pass = 0;
        DisplayChar();                      //显示错误
        ThreeAlam();                        //没开锁时按下重置密码报警3声
    }
    else                                    //开锁状态下才能进行密码重置程序
    {
    if(ReInputEn == 1)                      //开锁状态下,ReInputEn 置 1,重置密码允许
        {
            if(N == 6)                      //输入 6 位密码
            {
                ReInputCont++;              //密码次数计数
                if(ReInputCont == 2)        //输入两次密码
                {
                    for(i = 0;i < 6;)
                    {
```

```
            if(TempPassword[i] == InputData[i])     //将两次输入的新密码作对比
                i++;
            else                                    //如果两次的密码不同
            {
                //DisplayListChar(0,1,Error);
                write_12864com(er);
                for(j = 0;j < 16;j++)
                {
                    write_12864dat(Error[j]);       //显示错误 Error
                }
                ThreeAlam();                        //错误提示
                pass = 0;                           //关锁
                ReInputEn = 0;                      //关闭重置功能
                ReInputCont = 0;
                DisplayChar();
                break;
            }
        }
        if(i == 6)
        {
            //DisplayListChar(0,1,ResetOK);
            write_12864com(er);
            for(j = 0;j < 16;j++)
            {
                write_12864dat(ResetOK[j]);         //密码修改成功,显示
            }
            TwoAlam();                              //操作成功提示
            WrToROM(TempPassword,0,6);              //将新密码写入 AT24C02 存储
            ReInputEn = 0;
        }
        ReInputCont = 0;
        CorrectCont = 0;
    }
    else                                            //输入一次密码时
    {
        OneAlam();
        //DisplayListChar(0, 1, again);             //显示再输入一次
        write_12864com(er);
        for(j = 0;j < 16;j++)
        {
            write_12864dat(again[j]);               //显示再输入一次
        }
        for(i = 0;i < 6;i++)
        {
            TempPassword[i] = InputData[i];         //将第一次输入的数据暂存起来
        }
    }

    N = 0;                                          //输入数据位数计数器清零
    }
}
```

```
    }

}
// ======================= 输入密码错误超过三次,报警并锁死键盘 ================
void Alam_KeyUnable(void)
{
    P1 = 0x00;
    {
        ALAM = ~ALAM;                            //蜂鸣器一直闪烁鸣响
        Delay5Ms();
    }
}
// ===================== 取消所有操作 ================================
void Cancel(void)
{
    unsigned char i;
    unsigned char j;
    //DisplayListChar(0, 1, start_line);
    write_12864com(er);
    for(j = 0;j < 16;j++)
    {
        write_12864dat(start_line[j]);           //显示开机输入密码界面
    }
    TwoAlam();                                    //提示音
    for(i = 0;i < 6;i++)
    {
        InputData[i] = 0;                         //将输入密码清零
    }
    KEY = 1;                                      //关闭锁
    ALAM = 1;                                     //报警关
    pass = 0;                                     //密码正确标志清零
    ReInputEn = 0;                               //重置输入允许标志清零
    ErrorCont = 0;                                //密码错误输入次数清零
    CorrectCont = 0;                              //密码正确输入次数清零
    ReInputCont = 0;                             //重置密码输入次数清零
    s3_keydown = 0;
    key_disable = 0;                             //锁定键盘标志清零
    N = 0;                                        //输入位数计数器清零
}


// =============== 确认键,并通过相应标志位执行相应功能 =============
void Ensure(void)
{
    unsigned char i,j;
    RdFromROM(CurrentPassword,0,6);              //从 AT24C02 里读出存储密码
    if(N == 6)
    {
        if(ReInputEn == 0)                        //重置密码功能未开启
        {
            for(i = 0;i < 6;)
```

```
{
    if(CurrentPassword[i] == InputData[i])        //判断输入密码与 AT24C02 中的密
                                                  //码是否相同
    {
        i++;                          //相同一位,i 就 +1
    }
    else                              //如果有密码不同
    {
        ErrorCont++;                  //错误次数++
        if(ErrorCont == 3)            //错误输入计数达三次时,报警并锁定键盘
        {
            write_12864com(er);
            for(i = 0;i < 16;i++)
            {
                write_12864dat(Error[i]);
            }
            do
            Alam_KeyUnable();
            while(1);
        }
        else              //错误次数小于 3 次时,锁死键盘 3s,然后可以重新输入
        {
            TR0 = 1;                  //开启定时
            key_disable = 1;          //锁定键盘
            pass = 0;                 //pass 位清零
            break;                    //跳出
        }
    }
}

if(i == 6)                            //密码输入对时
{
    CorrectCont++;                    //输入正确变量++
    if(CorrectCont == 1)              //正确输入计数,当只有一次正确输入时,开锁
    {
        //DisplayListChar(0,1,LockOpen);
        write_12864com(er);
        for(j = 0;j < 16;j++)
        {
            write_12864dat(LockOpen[j]);        //显示 open 开锁画面
        }
        TwoAlam();                    //操作成功提示音
        KEY = 0;                      //开锁
        pass = 1;                     //置正确标志位
        just();                       //电机正转
        TR0 = 1;                      //开启定时
        for(j = 0;j < 6;j++)          //将输入清除
        {
            InputData[i] = 0;         //开锁后将输入位清零
        }
    }
```

```
                 else                        //当两次正确输入时,开启重置密码功能
                 {
                     //DisplayListChar(0,1,SetNew);
                     write_12864com(er);
                     for(j=0;j<16;j++)
                     {
                         write_12864dat(SetNew[j]);      //显示重置密码界面
                     }
                     TwoAlam();                          //操作成功提示
                     ReInputEn=1;                        //允许重置密码输入
                     CorrectCont=0;                      //正确计数器清零
                 }
             }


             else
// ========= 当第一次使用或忘记密码时可以用 131420 对其密码初始化 ============
             {
     if((InputData[0]==1)&&(InputData[1]==3)&&(InputData[2]==1)&&(InputData[3]==4)&&
(InputData[4]==2)&&(InputData[5]==0))
                 {
                     WrToROM(initpassword,0,6);          //强制将初始密码写入 AT24C02 存储
                     //DisplayListChar(0,1,initword);    //显示初始化密码
                     write_12864com(er);
                     for(j=0;j<16;j++)
                     {
                         write_12864dat(initword[j]);    //显示初始化密码
                     }
                     TwoAlam();                          //成功提示音
                     Delay400Ms();                       //延时 400ms
                     TwoAlam();                          //成功提示音
                     N=0;                                //输入位数计数器清零
                 }
                 else                                    //密码输入错误
                 {
                     //DisplayListChar(0,1,Error);
                     write_12864com(er);
                     for(j=0;j<16;j++)
                     {
                         write_12864dat(Error[j]);       //显示错误信息
                     }
                     ThreeAlam();                        //错误提示音
                     pass=0;
                     turn();                             //电机反转
                 }
             }
         }


         else                                 //当已经开启重置密码功能时,而按下开锁键
         {
             //DisplayListChar(0,1,Er_try);
             write_12864com(er);
```

```
        for(j = 0;j < 16;j++)
        {
            write_12864dat(Er_try[j]);    //错误,请重新输入
        }
        ThreeAlam();                      //错误提示音
    }
}


    else                                  //密码没有输入到 6 位时,按下确认键时
    {
        //DisplayListChar(0,1,Error);
        write_12864com(er);
        for(j = 0;j < 16;j++)
        {
            write_12864dat(Error[j]);     //显示错误
        }

        ThreeAlam();                      //错误提示音
        pass = 0;
    }

    N = 0;                                //将输入数据计数器清零,为下一次输入作准备
}


// ============================= 主函数 ===============================
void main(void)
{
    unsigned char KEY,NUM;
    unsigned char i,j;
    P1 = 0xFF;                            //P1 口复位
    TMOD = 0x11;                          //定义工作方式
    TL0 = 0xB0;
    TH0 = 0x3C;                           //定时器赋初值
    EA = 1;                               //打开中断总开关
    ET0 = 1;                              //打开中断允许开关
    TR0 = 0;                              //打开定时器开关
    Delay400Ms();                         //启动等待,等 LCM 进入工作状态
    lcd_init();                           //LCD 初始化
    write_12864com(0x80);                 //日历显示固定符号从第一行第 0 个位置之后开始显示
      for(i = 0;i < 16;i++)
    {
    write_12864dat(name[i]);              //向液晶屏写开机画面
    }
        write_12864com(0x90);
    for(i = 0;i < 16;i++)
    {
        write_12864dat(start_line[i]);    //写输入密码等待界面
    }
//  write_12864com(er + 9);               //设置光标位置
    Delay5Ms();                           //延时片刻(可不要)
```

```
N = 0;                              //初始化数据输入位数
while(1)                            //进入循环
{
    if(key_disable == 1)           //锁定键盘标志为 1 时
        Alam_KeyUnable();          //报警键盘锁
    else
        ALAM = 1;                  //关报警

    KEY = keynum();                //读按键的位置码
    if(KEY!= 0)                    //当有按键按下时
    {
        if(key_disable == 1)       //锁定键盘标志为 1 时
        {
            second = 0;            //秒清零
        }
        else                       //没有锁定键盘时
        {
            NUM = coding(KEY);     //根据按键的位置将其编码,编码值赋值给 NUM
            {
                switch(NUM)        //判断按键值
                {
                    case ('A'):;                break;
                    case ('B'):;                break;
                    case ('C'):;                break;      //ABC 是无定义按键
                    case ('D'): ResetPassword(); break;      //重新设置密码
                    case ('*'): Cancel();       break;      //取消当前输入
                    case ('#'): Ensure();       break;      //确认键,
                    default:                    //如果不是功能键按下时,就是数字键按下
                    {
                        //DisplayListChar(0,1,Input);
                        write_12864com(er);
                        for(i = 0;i < 16;i++)
                        {
                            write_12864dat(Input[i]);      //显示输入画面
                        }
                if(N < 6)       //当输入的密码少于 6 位时,接受输入并保存,大于 6 位时则无效.
                        {
                            OneAlam();      //按键提示音
                            for(j = 0;j <= N;j++)
                            {
                    write_12864com(er + 1 + j);      //显示位数随输入增加而增加
                    write_12864dat('*');             //但不显示实际数字,用 * 代替
                            }
                            InputData[N] = NUM;      //将数字键的码赋值给 InputData[]数组暂存
                            N++;                     //密码位数加
                        }
                        else            //输入数据位数大于 6 后,忽略输入
                        {
                            N = 6;      //密码输入大于 6 位时,不接受输入
```

```
                                    break;
                                }
                            }
                        }
                    }
                }
            }
        } * /
    }


// ******************************* 中断服务函数 *******************************
void time0_int(void) interrupt 1                    //定时器 T0
{
    TL0 = 0xB0;
    TH0 = 0x3C;                                     //定时器重新赋初值
    //TR0 = 1;
    countt0++;                                      //计时变量加,加 1 次是 50ms
    if(countt0 == 20)                               //加到 20 次就是 1s
    {
        countt0 = 0;                                //变量清零
        second++;                                   //秒加
        if(pass == 1)                               //开锁状态时
        {
            if(second == 1)                         //秒加到 1s 时
            {
                TR0 = 0;                            //关定时器
                TL0 = 0xB0;
                TH0 = 0x3C;                         //再次赋初值
                second = 0;                         //秒清零
            }
        }
        else                                        //不在开锁状态时
        {
            if(second == 3)                         //秒加到 3 时
            {
                TR0 = 0;                            //关闭定时器
                second = 0;                         //秒清零
                key_disable = 0;                    //锁定键盘清零
                s3_keydown = 0;
                TL0 = 0xB0;
                TH0 = 0x3C;                         //重新赋初值
            }
            else
                TR0 = 1;                            //打开定时器
        }

    }
}
```

```
void motorstop(void)
{
Mz = 0;
Mf = 0;
}

void just(void)
{
Mz = 1;
Mf = 0;
Delay100Ms();
motorstop();
}

void turn(void)
{
Mz = 0;
Mf = 1;
Delay100Ms();
motorstop();
}
```

10.5 系统测试及结果

用编程器将软件程序烧写到单片机中,将单片机插入电路板,上电进行功能验证,结果如图 10-18 所示。

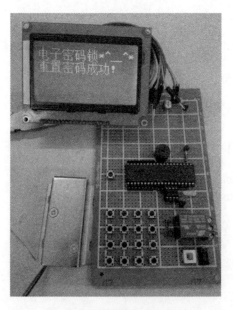

图 10-18　重置密码成功显示

　　本设计从经济实用的角度出发,采用 51 单片机与低功耗 CMOS 型 E2PROM AT24C02 作为主控芯片与数据存储器单元,结合外围的键盘输入、显示、报警、开锁等电路并用汇编编写主控芯片的控制程序,研制了一款可以多次更改密码具有报警功能的电子密码锁。设计完全可行可以达到设计目的。使用单片机制作的电子密码锁具有软硬件设计简单、易于开发、成本较低、安全可靠、操作方便等特点,可应用于住宅、办公室的保险箱及档案柜等需要防盗的场所,具有一定的实用性。该电路设计还具有按键有效提示、输入错误提示、控制开锁电平、控制报警电路、修改密码等多种功能,可在意外泄密的情况下随时修改密码,保密性强、灵活性高,特别适用于家庭、办公室、学生宿舍及宾馆等场所。

第 11 章

函数信号发生器设计

信号发生器又称信号源或振荡器,在生产实践和科技领域中有着广泛的应用。各种波形曲线均可以用三角函数来表示。能够产生多种波形,如三角波、锯齿波、矩形波(含方波)、正弦波的电路称为函数信号发生器。函数信号发生器在电路实验和设备检测中具有十分广泛的用途。例如,在通信、广播、电视系统中,都需要高频率射频发射,这里的射频波就是高频载波,把低频的音频、视频信号或脉冲信号运载出去,就需要能够产生高频的信号源。在工业、农业、医疗等领域内,如高频感应加热、熔炼、淬火、超声诊断、核磁共振成像等,都需要功率或大或小、频率或高或低的振荡器。

本章以单片机为核心,设计了一个低频函数信号发生器。信号发生器采用数模转换器0832为核心,可输出正弦波、方波、三角波、锯齿波,波形的频率和幅度在一定范围内可调节。波形和频率及幅度的改变通过单片机按键控制。该信号发生器具有体积小、设计简单、性能稳定、功能齐全的特点。通过本章的学习,读者应全面掌握 DA 转换器的应用,对DAC0832编程,控制输出信号。

11.1　设计任务及要求

1. 任务

（1）利用单片机 STC89C52,采用程序设计方法产生锯齿波、正弦波、方波、三角波等波形。

（2）通过 D/A 转换器 DAC0832 将数字信号转换成模拟信号,滤波放大输出波形。

（3）通过键盘来控制四种波形的类型选择、频率变化,示波器显示波形,频率在 10～15Hz 范围变化。

（4）通过 LCD12864 显示各个波形的类型以及当前频率数值。

2. 要求

（1）掌握 DAC0832 的硬件设计原理,对 DAC0832 的编程控制。

（2）运算放大器的设计使用。

11.2　系统整体方案设计

本设计包括硬件设计和软件设计两个部分。模块划分为数据采集、按键控制、液晶显示屏显示等子模块。电路结构可划分为:D/A 转换、运算放大、单片机控制电路。就此设计的核心模块单片机来说,单片机应用系统也是由硬件和软件组成。硬件包括单片机、输入/输出设备,以及外围应用电路等组成的系统。系统总体的设计方框图如图 11-1 所示。键盘按键选择各个波形,单片机发出波形的数字量给 DAC0832,转换成模拟量,再经过放大电路放大及滤波输出相应的波形。

DAC0832 是 8 分辨率的 D/A 转换集成芯片,与 51 单片机完全兼容。DAC0832 芯片以其价格低廉、接口简单、转换控制容易等优点,在单片机应用系统中得到广泛的应用,所以选择此芯片作为数模转换器。

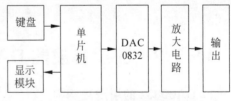

图 11-1　系统整体设计图

11.3　系统硬件设计

11.3.1　硬件电路总设计 ◀

如图 11-2 为硬件总设计电路图,从设计方案可知在本设计中要用到如下器件:STC89C52 作为控制器,DAC0832 作为数模转换单元,LM358 作为运算放大电路,4 个按键可以选择相应的波形,LCD12864 液晶显示屏作为显示单元。由单片机采用编程方法产生 4 种波形、通过 D/A 转换模块 DAC0832 再经过滤波放大之后输出。P0 口接 DAC0832 的数据输入端,由于

P0 口内部没有上拉电阻,为了增强其带负载能力,P0 口接了上拉电阻,使用了 12MHz 晶振。

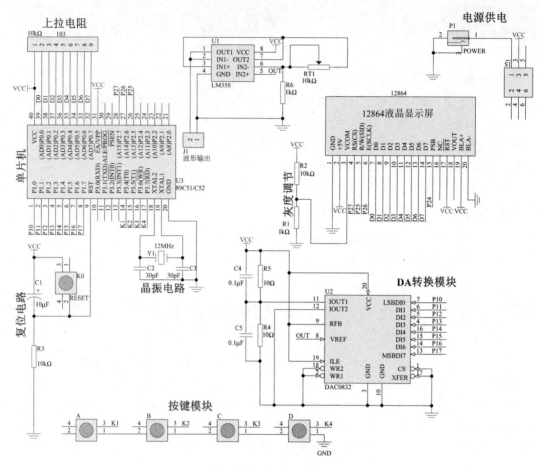

图 11-2　总设计电路图

11.3.2　数模转换器 DAC0832

1. DAC0832 的引脚及结构

DAC0832 是美国国家半导体公司(National Semiconductor)生产的具有两个数据寄存器的 DA 转换芯片,采用 CMOS 工艺的 8 位 T 型电阻解码,建立时间为 $1\mu s$,功耗 20mW。DAC0832 芯片具备双缓冲、单缓冲和直通三种输入方式,以适应各种电路的需要,如要求多路 D/A 异步输入、同步转换等,其引脚如图 11-3 所示。

DAC0832 引脚功能说明:

DI0～DI7:数据输入线,TLL 电平。

ILE:数据锁存允许控制信号输入线,高电平有效。

$\overline{CS}$:片选信号输入线,低电平有效。

$\overline{WR1}$:为输入寄存器的写选通信号。

$\overline{WR2}$:为 DAC 寄存器写选通输入线。

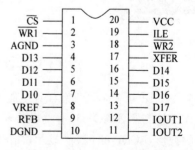

图 11-3　DAC0832 引脚定义图

$\overline{\text{XFER}}$：数据传送控制信号输入线，低电平有效。

IOUT1：电流输出线，当输入全为 1 时，IOUT1 最大。

IOUT2：电流输出线，其值与 IOUT1 之和为一常数。

RFB：反馈信号输入线，芯片内部有反馈电阻。

VCC：电源输入线（＋5～＋15V）。

VREF：基准电压输入线（－10～＋10V）。

AGND：模拟地，模拟信号和基准电源的参考地。

DGND：数字地，两种地线在基准电源处共地比较好。

图 11-4 为 DAC0832 结构图。

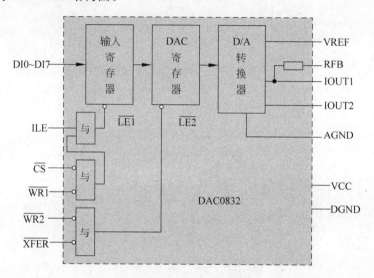

图 11-4　DAC0832 结构图

DAC0832 中有两级锁存器，第一级锁存器称为输入寄存器，它的锁存信号为 ILE；第二级锁存器称为 DAC 寄存器，它的锁存信号为传输控制信号。因为有两级锁存器，DAC0832 可以工作在双缓冲器方式，即在输出模拟信号的同时采集下一个数字量，这样能有效地提高转换速度。此外，两级锁存器还可以在多个 D/A 转换器同时工作时，利用第二级锁存信号来实现多个转换器同步输出。

当 ILE 为高电平，$\overline{\text{WR1}}$ 和 $\overline{\text{CS}}$ 为低电平时，$\overline{\text{LE1}}$ 为高电平，输入寄存器的输出随输入而变化；此后，当 $\overline{\text{WR1}}$ 由低变高时，$\overline{\text{LE1}}$ 为低电平，资料被锁存到输入寄存器中，这时的输入寄存器的输出不再随输入的变化而变化。对第二级锁存器来说，当 $\overline{\text{WR2}}$ 和 XFER 同时为低电平时，$\overline{\text{LE2}}$ 为高电平，DAC 寄存器的输出随其输入而变化；此后，当 $\overline{\text{WR2}}$ 由低变高时，$\overline{\text{LE2}}$ 变为低电平，将输入寄存器的资料锁存到 DAC 寄存器中。

2. DAC0832 的工作方式

DAC0832 有如下 3 种工作方式：

（1）单缓冲方式。单缓冲方式是控制输入寄存器和 DAC 寄存器同时接收数据，或者只用输入寄存器而把 DAC 寄存器接成直通方式。此方式适用于只有一路模拟量输出或几路模拟量异步输出的情形。

（2）双缓冲方式。双缓冲方式是先使输入寄存器接收数据，再控制输入寄存器的输出数据到 DAC 寄存器，即分两次锁存输入数据。此方式适用于多个 D/A 转换同步输出的情形。

（3）直通方式。直通方式是数据不经两级锁存器锁存，即 $\overline{\text{CS}}$、$\overline{\text{XFER}}$、$\overline{\text{WR1}}$、$\overline{\text{WR2}}$ 均接地，ILE 接高电平。此方式适用于连续反馈控制线路和不带微机的控制系统，不过在使用时，必须通过另加 I/O 接口与 CPU 连接，以匹配 CPU 与 D/A 转换。

本设计使用的是直通的方式，单片机的 P1 口连接 DAC0832 的 8 位数据输入端，DAC0832 的输出端接放大器，经过放大后输出所要的波形。DAC0832 以电流形式输出，当需要转换为电压输出时，可外接运算放大器。图 11-5 为数模转换电路图。

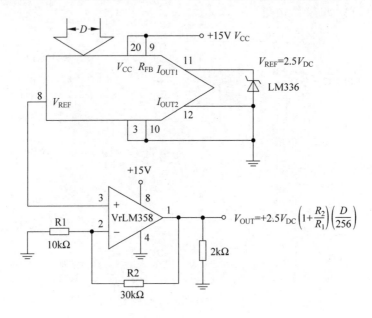

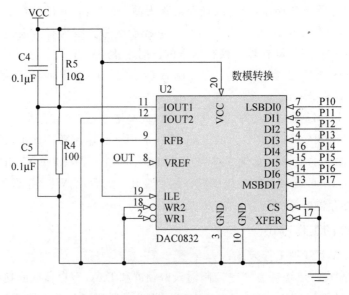

图 11-5　数模转换电路

3. DAC0832 的应用

DAC0832 是一个电流型的数模转换器，本设计需要的是电压输出，可以利用 DAC0832 直接输出电压信号，即把 VREF 当作输出端接去接运放，IOUT1 接了两个分压电阻，使得 IOUT1 端的电压是恒定的 2.5V，IOUT2 端接地，那么该电路的设计如图 11-5 所示。

11.3.3　放大电路 ◄

LM358 是双运算放大器。内部包括有两个独立的、高增益、内部频率补偿的双运算放大器，适合于电源电压范围很宽的单电源使用，也适用于双电源工作模式，在推荐的工作条件下，电源电流与电源电压无关。它的使用范围包括传感放大器、直流增益模块和其他可用单电源供电的使用运算放大器的场合。图 11-6 为 LM358 的引脚图。

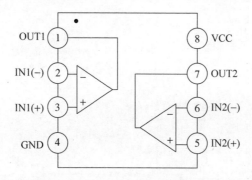

图 11-6　LM358 引脚图

LM358 封装有塑封 8 引线双列直插式和贴片式两种。

LM358 的特点：

- 内部频率补偿
- 低输入偏流
- 低输入失调电压和失调电流
- 共模输入电压范围宽，包括接地
- 差模输入电压范围宽，等于电源电压范围
- 直流电压增益高（约 100dB）
- 单位增益频带宽（约 1MHz）
- 电源电压范围宽：单电源（3～30V）
- 双电源（±1.5～±15V）
- 低功耗电流，适合于电池供电
- 输出电压摆幅大（0～VCC−1.5V）

在本设计当中，将运放 2 作为前级运放，电位器 RT1 能够调节放大倍数。将运放 1 设计成电压跟随器，增加输入阻抗，减少后级电路对电路电压的影响。电压跟随器的显著特点

就是,输入阻抗高,而输出阻抗低,输入阻抗可以达到几兆欧姆,而输出阻抗低,通常只有几欧姆,甚至更低。在电路中,电压跟随器一般做缓冲级(buffer)及隔离级。如果后级的输入阻抗比较小,那么信号就会有相当的部分损耗在前级的输出电阻中。这时,就需要电压跟随器进行缓冲,起到承上启下的作用。图 11-7 和图 11-8 为放大电路及其细节图。

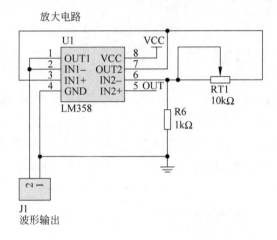

图 11-7　放大电路

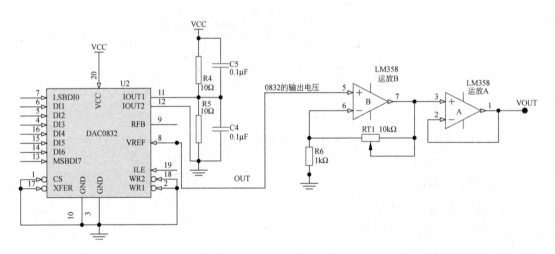

图 11-8　放大电路细节图

本设计的运算放大倍数计算公式:

$$V_{\text{out}} = 2.5\text{V} \times \left(1 + \frac{R_{T1}}{R_6}\right) \times \frac{D}{256}$$

本系统的硬件供电电压为 5V,那么 IOUT1 端的输入分压为 2.5V。

11.3.4　按键模块

按键模块如图 11-9 所示。

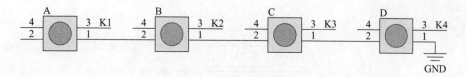

图 11-9 按键模块

根据设计的电路特点,只需要用到 4 个按钮来选择波形,实现的功能也比较简单,所以采用独立式未编码键盘结构。其中按键"K1"用来调节切换波形的输出,按键"K4"用来调节波形频率的步进值,按键"K2"、"K3"用来调节波形频率的加减。

11.3.5 显示模块 ◀

在实际应用中仅使用并口通信模式,可将 PSB 接固定高电平。模块内部接有上电复位电路,因此在不需要经常复位的场合可将该端悬空。背光照明电源和显示模块共用一个电源,可以将模块上的 JA JK 连接到 VCC 及 GND 电源口。显示模块如图 11-10 所示。

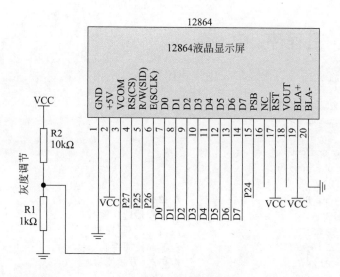

图 11-10 显示模块

11.4 软 件 设 计

11.4.1 主程序流程图 ◀

系统主程序工作流程图如图 11-11 所示。

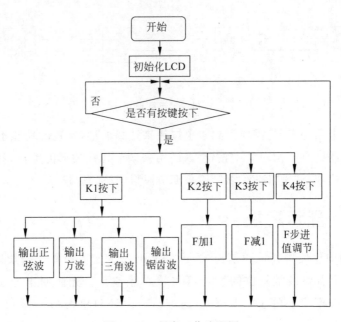

图 11-11　程序工作流程图

11.4.2　主程序

根据主程序流程图可写出波形发生主程序如下：

```c
# include < reg51.h >
# include < intrins.h >

# define uchar unsigned char
# define uint unsigned int
/ * 12864 端口定义 * /
# define LCD_data P0                    //数据口
sbit LCD_RS = P2 ^ 7;                   //寄存器选择输入
sbit LCD_RW = P2 ^ 5;                   //液晶读/写控制
sbit LCD_EN = P2 ^ 6;                   //液晶使能控制
sbit LCD_PSB = P2 ^ 4;                  //串/并方式控制

sbit key1 = P3 ^ 4;                     //按键端口
sbit key2 = P3 ^ 5;
sbit key3 = P3 ^ 6;
sbit key4 = P3 ^ 7;

uint m = 0, n = 0;                      //定义变量
uint bujin = 1, f = 10;
char num, u;
int a, b, h, num1;
uchar code sin[64] = {
135,145,158,167,176,188,199,209,218,226,234,240,245,249,252,254,254,253,251,247,243,
237,230,222,213,204,193,182,170,158,146,133,121,108,96,84,72,61,50,41,32,24,17,11,7,3,
1,0,0,2,5,9,14,20,28,36,45,55,66,78,90,102,114,128
```

```
};                                      //正弦波取码
uchar code juxing[64] = {
255,255,255,255,255,255,255,255,255,255,255,255,255,255,255,255,255,255,255,255,
255,255,255,255,255,255,255,255,255,255,255,255,0,0,0,0,0,0,0,0,0,0,0,0,0,0,0,0,0,0,0,0,
0,0,0,0,0,0,0,0,0,0,0,0
};                                      //矩形波取码

uchar code sanjiao[64] = {
0,8,16,24,32,40,48,56,64,72,80,88,96,104,112,120,128,136,144,152,160,168,176,184,192,
200,208,216,224,232,240,248,248,240,232,224,216,208,200,192,184,176,168,160,152,144,
136,128,120,112,104,96,88,80,72,64,56,48,40,32,24,16,8,0
};                                      //三角波取码
uchar code juchi[64] = {
0,4,8,12,16,20,24,28,32,36,40,45,49,53,57,61,65,69,73,77,81,85,89,93,97,101,105,109,
113,117,121,125,130,134,138,142,146,150,154,158,162,166,170,174,178,182,186,190,194,
198,202,206,210,215,219,223,227,231,235,239,243,247,251,255
};                                      //锯齿波取码


#define delayNOP(); {_nop_();_nop_();_nop_();_nop_();};
//宏定义,实现四个空

void delay0(uchar x);                    //x×0.14ms
void beep();
void dataconv();
void lcd_pos(uchar X, uchar Y);
   //确定显示位置
/*延时函数*/
void delay(int ms)
{
    while(ms--)
    {
      uchar i;
      for(i=0;i<250;i++)
       {
        _nop_();
        _nop_();
        _nop_();
        _nop_();
        }
    }
}


/* ************************************************************* */
/*检查 LCD 忙状态
/* lcd-busy 为 1 时,忙,等待;为 0 时,闲,可写指令与数据。        */
/* ************************************************************* */
bit lcd_busy()                          //定义函数返回值类型
{
    bit result;                          //定义变量 result
    LCD_RS = 0;
    LCD_RW = 1;
```

```
            LCD_EN = 1;
            delayNOP();
            result = (bit)(P0&0x80);              //定义运算表达式 P0&0x80
            LCD_EN = 0;
            return(result);                       //如果表达式 P0&0x80 的运算结果为非零的值,那么
                                                  //result 的值为 1,否则为 0
}
/ ****************************************************************** /
/ * 写指令数据到 LCD                                                 * /
/ * RS = L, RW = L, E = 高脉冲, D0～D7 = 指令码。                     * /
/ ****************************************************************** /
void lcd_wcmd(uchar cmd)
{
    while(lcd_busy());                            //判断是否处于忙状态
     LCD_RS = 0;                                  //写指令
     LCD_RW = 0;
     LCD_EN = 0;
     _nop_();
     _nop_();
     P0 = cmd;                                    //准备数据
     delayNOP();
     LCD_EN = 1;                                  //读数据
     delayNOP();
     LCD_EN = 0;                                  //数据读完
}
/ ****************************************************************** /
/ * 写显示数据到 LCD * /
/ * RS = H, RW = L, E = 高脉冲, D0～D7 = 数据。                       * /
/ ****************************************************************** /
void lcd_wdat(uchar dat)
{
    while(lcd_busy());                            //判断是否处于忙状态
     LCD_RS = 1;                                  //写数据
     LCD_RW = 0;
     LCD_EN = 0;
     P0 = dat;
     delayNOP();
     LCD_EN = 1;
     delayNOP();
     LCD_EN = 0;
}
/ ****************************************************************** /
/ * LCD 初始化设定                                                   * /
/ ****************************************************************** /
void lcd_init()
{

     LCD_PSB = 1;                                 //并口方式

     lcd_wcmd(0x34);                              //扩充指令操作
     delay(5);
```

```
    lcd_wcmd(0x30);                         //基本指令操作
    delay(5);
    lcd_wcmd(0x0C);                         //显示开,关光标
    delay(5);
    lcd_wcmd(0x01);                         //清除 LCD 的显示内容
    delay(5);
}
```

```
/ **********************************************
函数名称:Draw_PM
功      能:在整个液晶屏幕上画图
参      数:无
返 回 值:无
********************************************** /
void Draw_PM(const uchar * ptr)
{
    uchar i,j,k;
    lcd_wcmd(0x34);                         //打开扩展指令集
    i = 0x80;                               //显示上半屏
    for(j = 0;j < 32;j++)
    {
        lcd_wcmd(i++);
        lcd_wcmd(0x80);
        for(k = 0;k < 16;k++)
        {
            lcd_wdat( * ptr++);
        }
    }
    i = 0x80;                               //显示下半屏
    for(j = 0;j < 32;j++)
    {
        lcd_wcmd(i++);
        lcd_wcmd(0x88);
        for(k = 0;k < 16;k++)
        {
            lcd_wdat( * ptr++);
        }
    }
    lcd_wcmd(0x36);                         //打开绘图显示
    lcd_wcmd(0x30);                         //回到基本指令集
}
```

```
void key_display(int n)
{
        if(n == 0)
        {
                lcd_wcmd(0x80);             //确定显示位置
                Draw_PM(sin);               //显示正弦波

        }
```

```
                    if(n == 1)
              {

                    lcd_wcmd(0x80);              //确定显示位置
                    Draw_PM(fangbo);             //显示方波


              }
              if(n == 2)
              {
                    lcd_wcmd(0x80);              //确定显示位置
                    Draw_PM(sanjiao);            //显示三角波
              }

              if(n == 3)
              {
                    lcd_wcmd(0x80);              //确定显示位置
                    Draw_PM(juchi);              //显示锯齿波
              }

}
void keyscan()
    //按键1控制波形切换
{
    if(key1 == 0)
    {
      delay(10);
      if(key1 == 0)
      {
        key_display(n++);
        if(n > 3)
            n = 0;
       }
      while(!key1);
    }
}

unsigned char code dis1[] = {"波形发生器"};        //显示汉字"波形发生器"
/* 步进函数 key3 加步进值,key4 减步进值 */
void bujinprocess()
{
    if(m == 1)
    {
    if(key3 == 0)
      {
      delay(10);
      if(key3 == 0)
      {
            bujin++;
            if(bujin >= 51)
            bujin = 0;
```

```
        lcd_wcmd(0x98 + 3);                    //确定显示位置
        delay(10);
        lcd_wdat(0x30 + bujin/10);             //显示字符
        lcd_wdat('.');
        lcd_wdat(0x30 + bujin % 10);
            }
    while(!key3);                               //延时
    delay(10);
    while(!key3);
}


if(key4 == 0)
{
    delay(10);
    if(key4 == 0)
    {
        bujin -- ;
         if(bujin <= 0)
        bujin = 50;

        lcd_wcmd(0x98 + 3);                    //显示字符
        delay(10);
        lcd_wdat(0x30 + bujin/10);
        lcd_wdat('.');
        lcd_wdat(0x30 + bujin % 10);

    }
    while(!key4);
    delay(10);
    while(!key4);
}
}
if(m == 2)
{
if(key3 == 0)
  {
  delay(10);
  if(key3 == 0)
  {
      f = f + bujin;
      if(f >= 100)
      f = 0;
    lcd_wcmd(0x88 + 1);                        //确定显示位置
    delay(10);
    lcd_wdat(0x30 + f/10);                     //显示字符
    lcd_wdat('.');
    lcd_wdat(0x30 + f % 10);
    lcd_wdat('H');
    lcd_wdat('z');
  }
  while(!key3);
```

```
            delay(10);
            while(!key3);
         }

     if(key4 == 0)
     {
         delay(10);
         if(key4 == 0)
         {
             f = f - bujin;
             if(f <= 0)
             f = 100;

                 lcd_wcmd(0x88 + 1);                    //显示字符
         delay(10);
                 lcd_wdat(0x30 + f/10);
         lcd_wdat('.');
         lcd_wdat(0x30 + f % 10);
         lcd_wdat('H');
         lcd_wdat('z');
         }
         while(!key4);
         delay(10);
         while(!key4);
     }
     }
}

/ * 步进切换函数 * /
void bujindisplay()
{
     if(key2 == 0)
     {
         delay(10);
         if(key2 == 0)
         {
         lcd_wcmd(0x88);                        //显示字符"f; "
         lcd_wdat('f');
         lcd_wdat(':');
         lcd_wcmd(0x98);                        //显示字符"bujin; "
         delay(10);
         lcd_wdat('b');
         lcd_wdat('u');
         lcd_wdat('j');
         lcd_wdat('i');
         lcd_wdat('n');
         lcd_wdat(':');

         m++;
     //bujinprocess(m++);
         if(m > 2)                              //步进切换
```

```
            m = 1;
                }
        while(!key2);
        delay(10);
        while(!key2);
    }


}

main()
    {
        uchar i;
        delay(10);
        lcd_init();                     //初始化 LCD
        lcd_wcmd(0x80 + 1);
        i = 0;
        while(dis1[i]!= '\0')
        {
            lcd_wdat(dis1[i]);          //显示字符
            i++;
        }
        while(1)
        {
            keyscan();                  //键盘
            bujinprocess();             //步进值调节
            bujindisplay();             //显示步进值
        }
        switch(n)
        {
            case 0 : P1 = sin[u]; break;        //DA 模块取码产生波形
            case 1 : P1 = juxing[u]; break;
            case 2 : P1 = sanjiao[u]; break;
            case 3 : P1 = juchi[u]; break;
        }
}
void T0_time()interrupt 1               //定时器
{
    TH0 = a;
    TL0 = b;
    u++;
    if(u > = 64)
    u = 0;
}
```

11.5　系统测试及结果

　　通过以上的综合分析,再将各模块硬件电路组合搭建,并进行功能调试,以得到理想的结果。

11.5.1 系统硬件测试 ◀

对电路进行组合搭建前,需要分别测试各个模块的硬件电路是否工作正常。
测试流程为:

(1)使用目测的方法,检查各个模块焊接情况,是否存在虚焊、连焊等不良情况,并核对元器件的型号、规格和安装是否符合要求,并利用万用表检测电路通断情况。

(2)本系统电源部分的设计采用3节5号干电池4.5V供电。检测液晶显示屏是否正常。

(3)对主控芯片STC89C52参考本章案例,编写程序并下载到单片机开发板,检测器件是否完好。

(4)若以上模块正常工作,根据原理图焊接电路并进行调试。

在焊接电路板时,应该从最基本的最小系统开始,分模块、逐个进行焊接测试,对各个硬件模块进行测试时,要保证在软件正确的情况下测试硬件。

11.5.2 系统软件测试 ◀

软件部分先参照本章案例,然后自己根据硬件电路编写程序,程序编写所采用的环境是Keil,编写驱动程序和主程序后,再进行运行调试,然后将程序下载到单片机进行调试,若运行结果达不到要求,则返回修改代码,再下载程序调试,直至得到理想的结果。测试得到的波形如图11-12~图11-15所示。

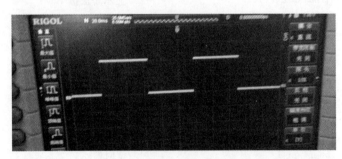

图 11-12 矩形波

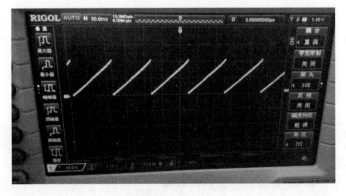

图 11-13 锯齿波

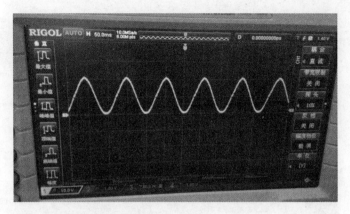

图 11-14　正弦波

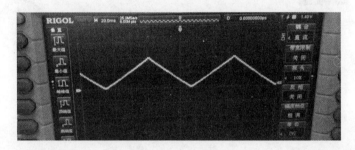

图 11-15　三角波

　　本章研究了一种基于单片机的函数发生器。该系统以 STC89C52 单片机为核心,采用数字波形合成技术,由单片机、按键电路、数模转换电路、放大电路、时钟电路以及复位电路组成。通过硬件电路和软件程序相结合,可输出自定义波形,如正弦波、三角波、方波、锯齿波等,波形的频率和幅度在一定范围内可任意改变。波形和频率的改变通过软件控制,幅度的改变通过硬件实现。该系统采用单片机作为数据处理及控制中心,由单片机完成人机界面、系统控制、信号的采集分析以及信号的处理和变换,采用按键输入,利用液晶显示电路输出数字显示。实用性强,操作方便,可靠性高。采用软硬件结合,软件控制硬件的方法来实现,使得信号频率的稳定性和精度的准确性得以保证,使用的几种元器件都是常用元器件,容易得到且价格便宜。此设计方案的硬件主要由单片机 STC89C51 跟 DAC0832 两个芯片构成,连线也较简便。键盘电路使用的是独立未编码结构,一个键控制一个波形。显示电路主要由发光二极管构成,利用发光二极管的导通即发光的特性来显示是哪个波形的输出,简单易懂。

第12章
数控稳压电源设计

12.0 引 言

直流稳压电源是电子技术常用的设备之一,广泛地应用于教学、科研等领域。传统的多功能直流稳压电源功能简单、难控制、可靠性低、干扰大、精度低且体积大、复杂度高。普通直流稳压电源品种很多,但均存在一些问题,输出电压是通过粗调及细调来调节。当输出电压需要精确输出,或需要在一个小范围内改变时,困难就较大。另外,随着使用时间的增加,波段开关及电位器难免接触不良,对输出会有影响。常常通过硬件对过载进行限流或截流型保护,电路构成复杂,稳压精度也不高。

本章以单片机为核心设计的智能化高精度简易直流电源,克服了传统直流电压源的缺点,具有较好的应用价值。通过本章的学习,使读者能够掌握直流电源的设计,以及数模转换,放大,电流检测等知识。

12.1 设计任务及要求

1. 任务

（1）设计交流变直流的整流滤波电源电路,直流的电压范围：0～12V,电流范围：0～1A 的输出。

（2）利用 51 单片机作为主控芯片，控制 D/A 转换器的输出电压的大小，经过运算放大器，输出恒定电压。最后通过电位器分压将输出信号反馈到运算放大器上，使输出调节准确度。

（3）通过键盘电路与单片机连接，读入控制数据，控制电源输出的作用。通过 LCD 显示数控电源的输出电压，实现人机对话。

（4）设计电流采样电路，即电源过流保护电路，对电源的过载及短路进行保护。

2．要求

（1）设计电源电压电路，输出电压连续变化，由键盘控制。

（2）输出电压为 0～12V，步进 0.1V，误差小于 5％。

（3）输出电压由数码管显示，由"＋""－""0""5V"四个按键进行调节。

12.2 系统整体方案设计

本设计硬件包括整流滤波稳压电路、DA 转换电路、MOS 管放大电路、过流检测及报警电路、按键扫描和数码管显示电路。

直流稳压源设计的过程中，直流电源电路一般由降压、整流、滤波和稳压这四个环节构成。先将电网 220V 的交流电经过变压器变压，再整流滤波所需要的电压，然后再通过整流滤波电路将交流电压变为直流，最后作为电源通过外围电路的设计供给各个电路部分所需要的工作电压。基本组成框图如图 12-1 所示。

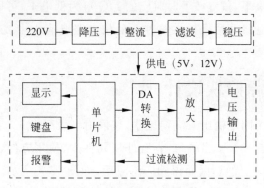

图 12-1 系统总体设计图

在数控稳压源设计的过程中，系统采用 51 单片机作为核心控制单元，可以通过按键改变单片机的预输出，通过数模转换器将信号转换为模拟量，经过运算放大器输出，输出为恒定电压。电路带有过流保护及报警功能，通过电子显示屏能够直观地看到预设值。

12.3 系统硬件设计

系统的总体设计电路图如图 12-2 所示。

控制系统的基本电路由 STC89C51 单片机、晶振电路、数码管显示、独立键盘和复位电路组成。由 4 个独立按键控制电压输出。"设定值 5V"、"0V""＋"、"－"。按键采用独立按

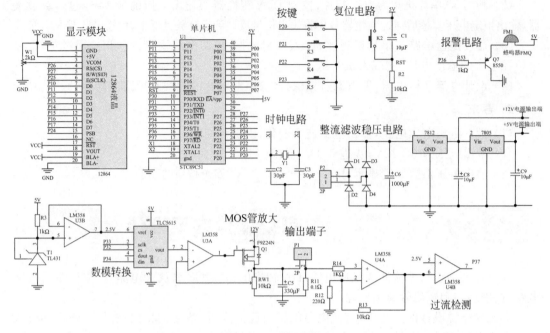

图 12-2　系统原理图

键,使程序更简单且扫描时间更短,从而提高了稳定性,按键弹起时,P20、P21、P22、P23 为弱上拉状态,所以为高电平,按键按下时对应的 I/O 口为低电平,可以被程序中的扫描函数检测到。12MHz 晶振电路单片机提供时钟。复位电路既有上电复位功能,又有手动复位功能。

12.3.1　电源模块设计 ◄

在稳压电路中,选用固定输出三端稳压器,其采用串联型稳压电路。在线性集成稳压器中,由于三端稳压器只有三个引出端口,具有外接元件少、使用方便、性能稳定、价格低廉等

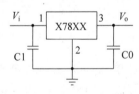

图 12-3　稳压电路应用

优点,因而得到广泛应用,如图 12-3 所示。三端稳压器通用产品系列有 78 系列(正电源)和 79 系列(负电源)。输出电压由具体型号中的后面两个数字代表。本系统整流稳压电路设计如图 12-4 所示,采用的是 7812 和 7805,所以输出电压为直流正电压 12V 和 5V。下面简单地介绍本设计中采用的 78 系列的一些参数性能和原理。

78 系列的特点是,最大输出电流为 1.5A,热过载保护和短路保护,输出晶体管安全工作区保护。

交流 220V 电通过变压器降压后接入 P2 端口。P2 为接线柱,是整个系统的输入电压端口,整个数控电源有此输入能量。选用集成芯片 KBP310,内部有四个 in4007 型号的二极管,构成全桥整流。7812 和 7805 是两个稳压芯片,7812 输出 12V 直流电压,7805 输出 5V 直流电压,7805 放在 7812 的后级,7805 的耐压值是 15V,所以前级要加 7812 保护 7805。

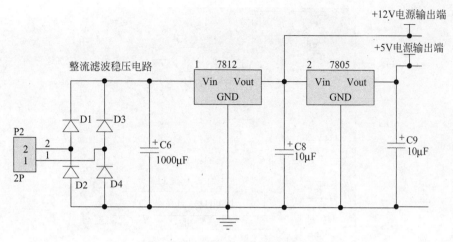

图 12-4　本系统整流稳压电路设计

7812 的 12V 输出给 MOS 放大器供电,增大输出电压的能力,7805 输出 5V 电压,给单片机及其他芯片供电。

选用交流变压器输出 12V 交流电压,通过整流滤波后得到 $12\sqrt{2}$V 直流电压;再经过三端稳压 7812,得到 12V 直流电压由 MOS 放大器控制并放大,7812 的输出又经过 3 端稳压 7805 进一步稳压,得到 5V 直流电压为 STC89C51 控制系统供电。

12.3.2　数控稳压输出模块 ◂

12.3.2.1　数模转换芯片 TLC5615

TLC5615 是美国德州仪器公司推出的产品,是一个串行 10 位 DAC 芯片,性能比早期电流型输出的 DAC 要好。只需要通过 3 根串行总线就可以完成 10 位数据的串行输入,易于与各种微控制器(单片机/DSP)连接,适用于数字失调与增益调整以及工业控制场合。

该数模转换器主要特点是,单 5V 电源工作;3 线串行接口;高阻抗基准输入端;DAC 输出的最大电压为 2 倍基准输入电压;上电时内部自动复位。

TLC5165 的内部功能框图如图 12-5 所示,主要由以下几个部分组成:①10 位 DAC 寄存器电路;②一个 16 位移位寄存器,接受串行移入的二进制数,并且有一个级联的数据输入端 DOUT;③并行输入输出的 10 位 DAC 寄存器,为 10 位 DAC 电路提供转换的二进制数据;④电压跟随器为参考电压端 REFIN 提供很高的输入阻抗,大约 $10\text{M}\Omega$;⑤×2 电路提供最大值为 2 倍 REFIN 的输出;⑥上电复位电路和控制电路。

8 脚直插式引脚排列如图 12-6 所示,各引脚功能如下:

DIN,串行二进制数输入端;

SCLK,串行时钟输入端;

CS,芯片选择,低有效;

DOUT,用于级联的串行数据输出;

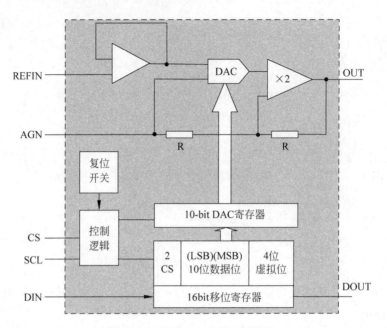

图 12-5　TLC5615 内部功能框图

AGND，模拟地；

REFIN，基准电压输入端；

OUT，DAC 模拟电压输出端；

VDD，正电源电压端。

TLC5615 的工作原理如下。

(1) TLC5615 的时序

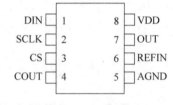

图 12-6　引脚排列

TLC5615 工作时序如图 12-7 所示，当 CS 为低电平时，

在每一个 SCLK 时钟的上升沿将 DIN 的一位数据移入 16 位移位寄存器。注意，二进制最高有效位被导入前移入，接着 SCLK 的上升沿将 16 位移位寄存器的 10 位有效数据锁存于

PARAMETER MEASUREMENT INFORMATION

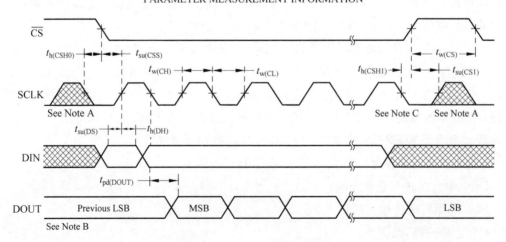

图 12-7　TLC5615 逻辑时序图

10 位 DAC 寄存器,供 DAC 电路进行转换;当片选 CS 为高电平时,串行输入数据不能被移入 16 位移位寄存器。注意,SCLK 的上升和下降都必须发生在 CS 为低电平期间。

(2) 两种工作方式

从 TLC5615 的内部功能框图中可以看出,16 位移位寄存器分为高 4 位虚拟位、低 2 位填充位以及 10 位有效位。在单片 TLC5615 工作时,只需要向 16 位移位寄存器按先后输入 10 位有效位和低 2 位填充位,2 位填充位数据任意,这是第一种方式,即 12 位数据序列。第二种方式为级联方式,即 16 位数据序列,可以将本片的 DOUT 接到下一片的 DIN,需要向 16 位移位寄存器按先后输入高 4 位虚拟位、10 位有效位和低 2 位填充位,由于增加了高 4 位虚拟位,所以需要 16 个时钟脉冲。

单片机的 P33、P32、P34 端分别连接 TLC5615 的时钟端、片选端、数据端,即可控制它输出想要的电压。此时 TLC5615 的 6 脚及参考电压输入端需接入 2.5V 的参考电压。当参考电压为 2.5V 时,TLC5615 将最大输出 5V 电压。其输出电压计算公式如下:

$$V_{\text{OUT}} = 2 \cdot V_{\text{REFIN}} \times (N/1024) \tag{12-1}$$

式中,V_{OUT} 为 7 脚输出电压,V_{REFIN} 为 6 脚参考电压输入端,N 为单片机通过 1、2、3 脚向 TLC5615 写入的数据(二进制数),1024 是根据 10 位数模转换而计算出来的($2^{10} = 1024$),最后乘以 2 是因为 TLC5615 内部有两倍的增益放大器。

在图 12-8 所示的数模转换外部电路图中,我们在给 TLC5165 输入 2.5V 参考电压时,用到了 TL431 芯片,它是可控精密稳压源。其电路连接方法,直接输出 2.5V 电压,相当于一个 2.5V 的稳压管,同时我们用 LM358 作为跟随器,反向输入端和输出端直接相连,运放的增益为 1,但输出阻抗很大,用作跟随器,能减小 2.5V 基准电源的阻抗,再送入 TLC5615 参考电压端。

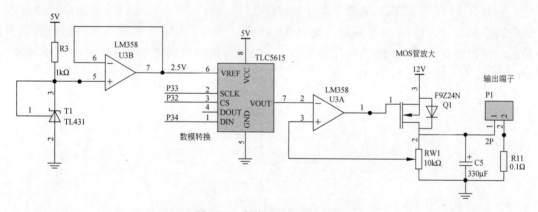

图 12-8　数模转换外部电路图

12.3.2.2　TL431 稳压电路

TL431 是可控精密稳压源,它的输出电压用两个电阻就可以任意地设置为 VREF (2.5V)~36V 的任何值,TL431 应用电路如图 12-9 所示。该器件的典型动态阻抗为 0.2Ω,在很多应用中用它代替稳压二极管,例如,数字电压表、运放电路、可调压电源、开关电源等。其中,TL431 有一种典型的接法,可以输出一个固定的电压值,计算公式是

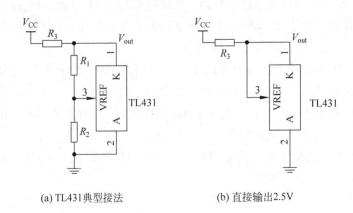

(a) TL431典型接法   (b) 直接输出2.5V

图 12-9　TL431 应用电路

$$V_{\text{OUT}} = (R_1 + R_2) \times 2.5 / R_2 \tag{12-2}$$

同时 R_3 的数值应满足

$$1\text{mA} \leqslant (V_{\text{CC}} - V_{\text{OUT}}) / R_3 \leqslant 500\text{mA} \tag{12-3}$$

当 R_1 取值为 0 时，R_2 可以省略，这时候电路变成图 12-9(b) 的形式，TL431 在这里相当于一个 2.5V 稳压管。所以在设计中 TL431 输出相当于一个 2.5V 电压，然后把输入接到运放管脚 5。

12.3.2.3　MOS 管放大电路部分

TLC5615 输出的可调电压送到比较器(LM358)的反相端，通过 MOS 管(F9Z24N)放大。同时在 F9Z24N 的输出端用 RW1(10kΩ)电位器分压，取一定比例的输出电压反馈到比较器正相端，构成一个反馈系统。此时 MOS 管输出的 PWM 波的占空比将根据负载和输入电压而变化，以保证输出电压的稳定。C5 作为输出滤波电容，滤掉输出电压纹波。MOS 管放大电路如图 12-10 所示。

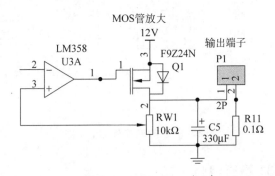

图 12-10　MOS 管放大电路

此设计中所选取的 MOS 管型号为 IRF9Z24N，其为 PMOS 管，其内部引脚排列如图 12-11 所示。G 为栅极，S 为源极，D 为漏极。对于 PMOS 管，源极 S 接电源，栅极 G 接输入电压，栅压低于源压(因为栅压不可能比电源电压还高)，吸引空穴，在栅极下方，源漏极之间形成空穴沟道,这是 PMOS 管放大的原因。漏极 D 输出,电阻接在地和漏极(输出)之间,称为共源放大器。

根据反馈系统的稳定原理计算出输出电压的公式 $V_o = V_{in} \times (R_W/R_{WL})$,设:$V_o$ 为输出电压,V_{in} 为 LM358 的 2 脚输入电压,R_{WH} 为电位器上部分电阻,R_{WL} 为电位器下部分电阻,R_W 为电位器阻值。

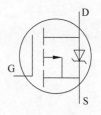

图 12-11　引脚排列

12.3.2.4　过流检测及报警电路

图 12-10 中,P1 为电源输出端,R11 为电流检测电阻,此电阻将电流变换成电压。再通过 U4A(LM358)放大一定的倍数。U4A 为同向放大器,采用的是电压串联负反馈,V_s 为正向端输入电压,输出电压表达式为

$$V_o = \left(1 + \frac{R_{13}}{R_{12}}\right) \times V_s \tag{12-4}$$

最后通过 U4B 与 2.5V 标准电平比较,若电压大于 2.5V 则输出低电平,送给单片机。单片机则认为过流,就会控制 TLC5615 将输出降为 0V,这样就起到了限流与短路保护的作用。过流检测电路如图 12-12 所示。

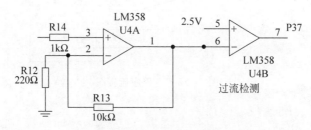

图 12-12　过流检测电路

电路可以由单片机控制三极管(8550)的通断来控制蜂鸣器的报警。当 P36 端为高时,三极管不导通,当 P36 端为低时,三极管导通蜂鸣器响。当过流或短路时,单片机切断输出,同时蜂鸣器报警。

12.4　软件设计

12.4.1　主程序流程图 ◄

主程序流程图如图 12-13 所示。

进入程序先对 TLC5615、数码管、数组进行初始化。然后进入 while(1)循环,根据按键设置的电压更新 TLC5615 输出电压与数码管显示电压。单片机检测报警信号,有报警信号时降低输出电压并开启蜂鸣器。

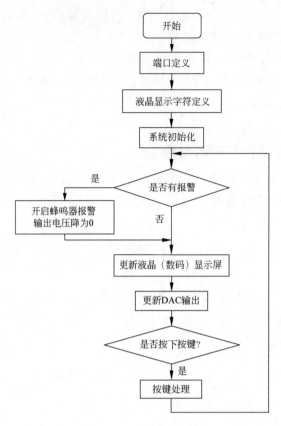

图 12-13　主程序流程图

程序如下：

```
# include "reg52.h"

//宏定义
# define uchar unsigned char
# define uint unsigned int

//按键定义
sbit KEY1 = P2 ^ 0;
sbit KEY2 = P2 ^ 1;
sbit KEY3 = P2 ^ 2;
sbit KEY4 = P2 ^ 3;

//lcd定义
sbit rs = P2 ^ 6;
sbit rw = P2 ^ 7;
sbit e = P2 ^ 5;
sbit psb = P2 ^ 4;

//DAC定义
sbit CS_5615 = P3 ^ 2;
sbit CLK_5615 = P3 ^ 3;
```

```
sbit DAT_5615 = P3 ^ 4;

//报警指示定义
sbit led = P3 ^ 6;
sbit Duan =  P3 ^ 7;

uchar code table1[ ] = {" 设置电压值      "};
uchar table2[ ];
uint U;
uchar flag = 0;
uint a = 0;

//延时函数
void delay_50us(uint t)
{
    uchar j;
    for(;t > 0;t -- )
     for(j = 19;j > 0;j -- );
}
void delay_50ms(uint t)
{
    uchar j;
    for(;t > 0;t -- )
     for(j = 19;j > 0;j -- );
}
void write_12864com(uchar com)
{
    rw = 0;
    rs = 0;                            //写指令
    delay_50us(1);
    P1 = com;                          //准备数据
    e = 1;                             //读数据
    delay_50us(10);
    e = 0;                             //数据读完
    delay_50us(2);
}
/ * 写显示数据到 LCD * /
void write_12864dat(uchar dat)
{
    rw = 0;
    rs = 1;
    delay_50us(1);
    P1 = dat;
    e = 1;
    delay_50us(10);
    e = 0;
    delay_50us(2);
}

/ * 初始化 * /
void init_12864(void)
```

```
{
    delay_50ms(2);
    write_12864com(0x30);                    //功能设定
    delay_50us(4);
    write_12864com(0x30);                    //功能再设定
    delay_50us(4);
    write_12864com(0x0c);                    //显示状态设定
    delay_50us(4);
    write_12864com(0x01);                    //清屏设定
    delay_50ms(2);
    write_12864com(0x06);                    //模式设定
    delay_50ms(2);
}

void delay_ms(uint z)                        //延时函数
{
  uinta,b;
  for(a = z;a > 0;a -- )
   for(b = 5;b > 0;b -- );
}

/* 设定电压值字符显示位置 */
void shuma(uint buf)
{
    uchar a,b,c,d;
    a = buf/1000;                            //电压值十位显示数值
    b = buf % 1000/100;                      //电压值个位显示数值
    c = buf % 100/10;                        //小数点后一位显示数值
    d = buf % 10;                            //小数点后两位显示数值
    write_12864com(0x90);
    write_12864dat(a + 0x30);
    write_12864dat(b + 0x30);
    write_12864dat('.');
    write_12864dat(c + 0x30);
    write_12864dat(d + 0x30);
    write_12864dat(' ');
}
/* 数模转换串口输出 */
void tlc_5615(uint buf)
{
    uint a,c;
    c = buf;
    CS_5615 = 0;                             //片选 DA 芯片
    for(a = 16;a > 0;a -- )
    {
        DAT_5615 = c >> 15;                  //在 16 个时钟周期内
        c = c << 1;                          //在上升沿的时候数据
        CLK_5615 = 1;                        //数据被锁存,形成 DA 输出
        CLK_5615 = 0;
    }
    CLK_5615 = 1;
    CLK_5615 = 0;
    CLK_5615 = 1;
```

```
        CLK_5615 = 0;
        CS_5615 = 1;
}
/ * 主函数 * /
void main(void)
{
    uchar n, i;
    n = 5;
    U = 0;
    led = 0;
    delay_ms(3000);                         //延时
    led = 1;
    init_12864();                           //初始化 LCD
    psb = 1;                                //并口方式
    write_12864com(0x80);
    for(i = 0; i < 16; i++)
    {
        write_12864dat(table1[i]);
        delay_50ms(1);
    }
    while(1)
    {
        tlc_5615(U);                        //更新 DAC 转换值
        shuma(U/n * 10);                    //更新显示电压数值
        if(flag == 0)
        {
            if(KEY1 == 0)
            {
            delay_ms(10);
            shuma(U/n * 10);
            if(KEY1 == 0)                   //按键 +
            {
                while(!KEY1);               //按键消抖
                if(U < 120 * n)            //最大电压
                U = U + n;
                else if(U >= 120 * n)
                {
                    led = 0;
                    for(i = 0; i < 50; i++)
                    shuma(U/n * 10);
                    led = 1;
                }
            }
        }
        if(KEY2 == 0)                       //按键 -
        {
            delay_ms(10);
            shuma(U/n * 10);
            if(KEY2 == 0)
            {
                if(U >= n)
                U = U - n;
                while(!KEY2);
            }
```

```
        }
        if(KEY3 == 0)
        {
          delay_ms(10);

            shuma(U/n * 10);
            if(KEY3 == 0)
            {
                U = 50 * n;
                while(!KEY3);
            }
        }
        if(KEY4 == 0)
        {
          delay_ms(10);
            shuma(U/n * 10);
            if(KEY4 == 0)
            {
                U = 0;
                while(!KEY4);
            }
        }
    }
    if(Duan == 0)
    {
        delay_ms(10);
        if(Duan == 0)
        {
            flag = 1;                        //过流标志置高
            led = 0;
            U = 0;
            tlc_5615(0);
        }
    }
  }
}
```

12.5 系统测试及结果

通过以上的综合分析,组合搭建各模块硬件电路,并进行功能调试,以得到理想的结果。

12.5.1 系统硬件测试 ◀

对电路进行组合搭建前,需要分别测试各个模块的硬件电路是否工作正常。

测试流程为:

(1) 使用目测的方法,检查各个模块焊接情况,是否存在虚焊、连焊等不良情况,并核对元器件的型号、规格和安装是否符合要求,利用万用表检测电路通断情况,在供电部分,测得经过整流桥、稳压管后的电压,检测模式转换器的输出电压,运放及 MOS 管放大后的输出电压值。

(2) 本系统电源部分的设计外接变压整流滤波的设计得到相应的工作电压。将蜂鸣器,LED,分别串联电阻接通电路,检测是否正常工作,并检测液晶显示屏是否正常。

(3) 对主控芯片 STC89C51 参考本章案例,编写程序并下载到单片机开发板上,检测器件是否完好。

(4) 若以上模块正常工作,根据原理图焊接电路并进行调试。

在焊接电路板时,应该从最基本的最小系统开始,分模块、逐个进行焊接测试,对各个硬件模块进行测试时,要保证在软件正确的情况下测试硬件。

12.5.2　系统软件测试 ◀

软件部分先参照本章案例,然后自己根据硬件电路编写程序,程序编写所采用的环境是Keil,再编写驱动程序和主程序后进行运行调试,然后将程序下载到单片机进行调试,若运行结果达不到要求,则返回修改代码,再下载程序调试,直至得到理想的结果。

12.5.3　测试结果 ◀

通过对本课题系统的分析及各个组件的实验研究,经过调试得到符合本课题要求的结果。系统的实物图如图 12-14 所示。

图 12-14　系统实物图

用电压表测输出端输出电压,与数码管显示电压做比对,误差约为 5%,调节按键,验证数控电压。

第13章

智能温度测控系统设计

13.0 引　言

温度控制广泛应用于人们的生产和生活中,例如冶金、酿造、纺织,各种工业过程都需要有温度控制,在农业和家庭生活中也离不开温度控制,例如温室、冰箱、热水器等。有了自动温度控制系统,可以节约人的劳动力,安全性也更能得到提高。本章的设计采用单片机进行温度控制,测量精度高,操作简单,可运行性强,价格低廉,特别适用于生活、医疗、工业生产等方面的温度测量及控制。

本设计重点掌握两部分内容,测温传感器 18B20 和控温模块 SW100T10 使用的实现,利用 PID 控制算法实现的闭环控制。

13.1 设计任务及要求

1. 设计任务

(1) 数字温度测量及控制的闭环系统,每次给定一个设定温度,控制系统都能快速达到并保持该温度,精度达到 0.1℃。采用 STC89C52 单片机作为主控芯片。

（2）使用数字式温度传感器 18B20 对灯泡温度进行实时采样，将采样温度用于实际的控制中，也将采集温度值动态显示在 12864 液晶显示屏上。

（3）采用 WS100T10 芯片作为可控硅移相触发电路，用可控硅控制发热负载的输出功率。

（4）设置按键对 12864 液晶显示屏上的设定温度进行加减操作，更便于实时监测温度变化。

（5）运用 PID 算法控制发热负载的功率，使其温度始终保持在设定值，该算法作为智能控制的核心算法，实现精确快速地达到预设温度。

2. 要求

（1）掌握可控硅及 WS100T10 芯片的工作原理，温度传感器 18B20 的应用。

（2）掌握 PID 控制算法的原理及应用。

13.2 系统整体方案设计

本设计硬件包括双向可控硅移相触发模块、可控硅模块、按键控制模块、温度检测模块等。系统以 51 单片机作为处理器，通过温度传感器将温度信号传送给控制单元，经过单片机处理，根据 PID 控制算法给出控制信号，由可控硅控制器件 WS100T10 完成加热部件的功率控制。系统中的发热负载选定为白炽灯，白炽灯发热快而且控制方便安全，实现方便。键盘按键设定的温度和当前温度可以实时地显示在显示屏上。温度控制系统整体图如图 13-1 所示。

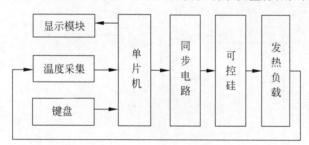

图 13-1　温度控制系统整体图

13.3 系统硬件设计

13.3.1 主控制单元 ◀

本设计中要用到如下器件：STC89C52 单片机、WS100T10 移相触发芯片、18B20 温度传感器、12864 液晶显示屏、双向可控硅及光耦器等。其中 D1 为电源工作指示灯，电路中的两个按键完成温度设定，设定温度值的加和减。根据设计的电路特点，只需要用到 2 个按钮来选择，实现的功能也比较简单，所以采用独立式未编码键盘结构。按键"S1"、"S2"调节设定温度值的加减。在实际应用中仅使用并口通讯模式，可将 PSB 接固定高电平。模块内部接有上电复位电路，因此在不需要经常复位的场合可将该端悬空。如背光和模块共用一个电源，可以将模块上的 JA JK 连接到 VCC 及 GND 电源口。温控系统原理图如图 13-2 所示。

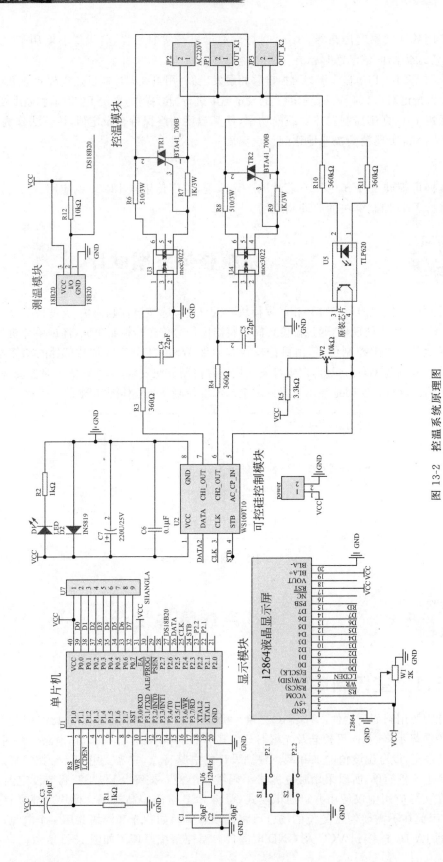

图 13-2　控温系统原理图

13.3.2 温度传感器 DS18B20 ◄

13.3.2.1 DS18B20 的引脚及结构

DS18B20 是 Dallas 半导体公司生产的数字化温度传感器，DS18B20 通过一个单线接口发送或接收信息，因此在中央处理器和 DS18B20 之间仅需一条连接线（加上地线）。它的测温范围为 $-55 \sim +125℃$，并且在 $-10 \sim +85℃$ 范围内的精度为 $\pm0.5℃$。除此之外，DS18B20 能直接从单线通信线上汲取能量，除去了对外部电源的需求。每个 DS18B20 都有一个独特的 64 位序列号，从而允许多只 DS18B20 同时连在一根单线总线上，因此，很安全使用一个微控制器去控制很多覆盖在一大片区域的 DS18B20。这一特性在 HVAC 环境控制、探测建筑物、仪器或机器的温度以及过程监测和控制等方面非常有用。图 13-3 是 DS18B20 的引脚排列。其中 GND：地端，DQ：数据 I/O，VDD：可选电源电压。图 13-4 为 18B20 结构图。

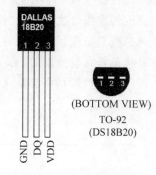

图 13-3 18B20 引脚定义图

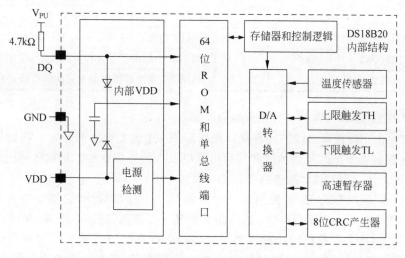

图 13-4 18B20 结构图

64 位只读存储器储存器件的唯一片序列号。高速暂存器含有两个字节的温度寄存器，这两个寄存器用来存储温度传感器输出的数据。除此之外，高速暂存器提供一个直接的温度报警值寄存器（TH 和 TL）和一个字节的配置寄存器。配置寄存器允许用户将温度的精度设定为 9、10、11 或 12 位。TH、TL 和配置寄存器是非易失性的可擦除程序寄存器（EEPROM），所以存储的数据在器件掉电时不会消失。

DS18B20 通过 Dallas 公司独有的单总线协议依靠一个单线端口通信。当全部器件经由一个 3 态端口或者漏极开路端口（DQ 引脚在 DS18B20 上的情况下）与总线连接时，控制线需要连接一个弱上拉电阻。在这个总线系统中，微控制器（主器件）依靠每个器件独有的 64 位片序列号辨认总线上的器件和记录总线上的器件地址。由于每个装置有一个独特的片序列码，总线可以连接的器件数目事实上是无限的。

13.3.2.2 DS18B20 工作原理

DS18B20 的核心部件是直接读数字的温度传感器。温度传感器的精度为用户可编程的 9、10、11 或 12 位，分别以 0.5℃、0.25℃、0.125℃和 0.0625℃增量递增。在上电状态下默认的精度为 12 位。DS18B20 启动后保持低功耗等待状态。当需要执行温度测量和 AD 转换时，总线控制器必须发出命令。之后，产生的温度数据以两个字节的形式被存储到高速暂存器的温度寄存器中，DS18B20 继续保持等待状态。当 DS18B20 由外部电源供电时，总线控制器在温度转换指令之后发送"读时序"，DS18B20 正在温度转换中返回 0，转换结束返回 1。

单总线系统包括一个总线控制器和一个或多个从机。DS18B20 总是充当从机。当只有一只从机挂在总线上时，称为"单点"系统；如果由多只从机挂在总线上，称为"多点"系统。所有的数据和指令都是从最低有效位开始通过单总线传递。DS18B20 有六条控制命令，如表 13-1 所示。

表 13-1　DS18B20 控制命令

命　　令	约定代码	命令功能说明
温度转换	44H	启动 DS18B20 进行温度转换
读暂存器	BEH	读暂存器 9 个字节内容
写暂存器	4EH	将数据写入暂存器的 TH、TL 字节
复制暂存器	48H	把暂存器的 TH、TL 字节写入 E2RAM 中
重新调 EEPROM	B8H	把 EEPROM 中的内容写入暂存器 RAM 字节中
读电源供电方式	B4H	启动 DS18B20 发送电源供电方式的信号给主 CPU

通过单线总线端口访问 DS18B20 的协议如下：

(1) 初始化。通过单总线的所有执行操作都从一个初始化序列开始。初始化序列包括一个由总线控制器发出的复位脉冲和其后由从机发出的存在脉冲。存在脉冲让总线控制器知道 DS18B20 在总线上且已准备好操作。

(2) ROM 操作指令。总线控制器一旦探测到一个存在脉冲，它就发出一条 ROM 指令。如果总线上挂有多只 DS18B20，这些指令将基于器件独有的 64 位 ROM 片序列码使得总线控制器选出特定要进行操作的器件。这些指令同样也可以使总线控制器识别有多少只、什么型号的器件挂在总线上，同样，它们也可以识别哪些器件已经符合报警条件。ROM 指令有 5 条，都是 8 位长度。总线控制器在发起一条 DS18B20 功能指令之前必须先发出一条 ROM 指令。

(3) DS18B20 功能指令。在总线控制器发给欲连接的 DS18B20 一条 ROM 命令后，跟着可以发送一条 DS18B20 功能指令。这些命令允许总线控制器读写 DS18B20 的暂存器，发起温度转换和识别电源模式。

13.3.2.3 DS18B20 的应用

DS18B20 电路的设计如图 13-5 所示，单点温度监控系统。工作稳定可靠，抗干扰能力强，而且电路也比较简单，该电路同样也可以开发出稳定可靠的多点温度监控系统。在开发中使用外部电源供电方式，可以充分发挥 DS18B20 宽电源电压范围的优点，即使电源电压 VCC 降到 3V 时，依然能够保证温度量精度。

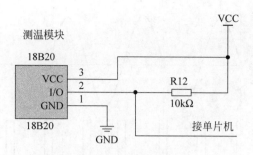

图 13-5　温度采集电路

13.3.3　可控硅移相触发电路 ◀

可控硅移相触发模块采用现成的 WS100T10 专用集成电路,该芯片是一块用于工频 50～60Hz 交流控制系统的专用集成电路,采用 CMOS 工艺制造。与外部交流脉冲同步的全数控精密双通道双向可控硅移相触发电路。每个通道单独控制,并提供多种控制方式以满足用户不同的应用要求。WS100T10 的引脚排列如图 13-6 所示,其引脚说明如表 13-2 所示。

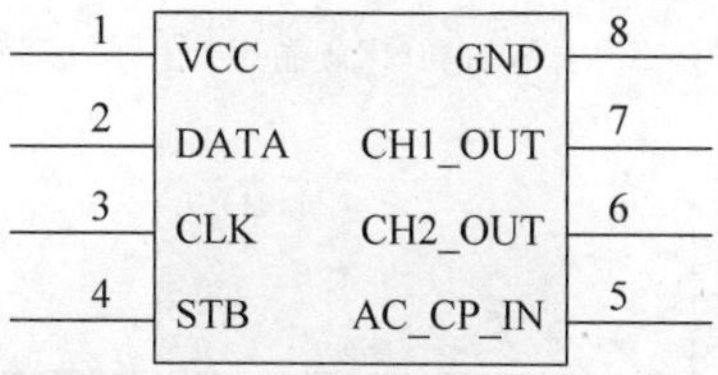

图 13-6　WS100T10 的引脚排列

表 13-2　WS100T10 引脚说明

管脚编号	管脚名称	输入/输出	功能描述
1	VDD	—	电源＋5V 端
2	DATA	IN	根据型号有不同的意义
3	CLK	IN	(同上)
4	STB	IN	(同上)
5	AC_CP_IN	IN	交流同步脉冲输入
6	CH2_OUT	OUT	通道 2 触发脉冲输出
7	CH1_OUT	OUT	通道 1 触发脉冲输出
8	VSS	—	电源地

13.3.3.1　WS100T10 工作波形及时序

WS100T10 输出端引脚波形如图 13-7 所示,通信引脚时序如图 13-8 所示。

当数据端发送的一个字节数据以 0 开头(0XXXXXXX)时,控制的是引脚 7 输出;当发送的一个字节数据以 1 开头(1XXXXXXX)时,控制的是引脚 6 输出,因为 WS100T10 是一个双通道的芯片。输出数据的后 7 位为有效数据,后 7 位全 0(X0000000)为最低功耗输出,即关闭状态;后 7 位全 1(X1111111)为最大的功率输出。当电源为 50Hz 时,从输出的数据后 7 位 1 到 80(十进制)功率从关闭到最大,当电源频率为 60Hz 时,输出数据后 7 位 1 到100(十进制)是从关闭到全功率。

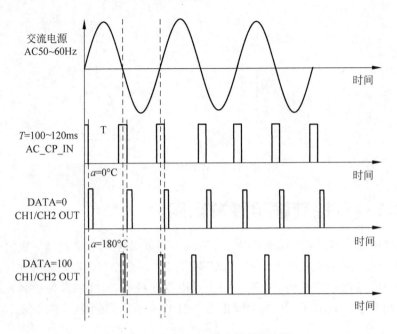

图 13-7　WS100T10 输出端引脚波形

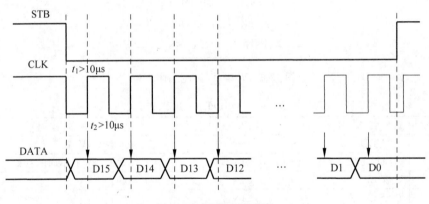

图 13-8　通信引脚时序

　　由于 WS100T10 芯片有两路触发脉冲输出,本设计主要采用通道一触发脉冲输出,发送数据 DAT＝1,全功率输出,仿真波形如图 13-9 所示。

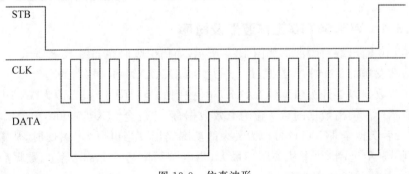

图 13-9　仿真波形

13.3.3.2 双向可控硅工作原理

本设计选择移相触发作为可控硅的触发控制方式,可控硅选择型号为 BTA41_700B,它有三个电极,分别为控制极 G、主电极 T1 和 T2。BTA41700B 的结构如图 13-10 所示。

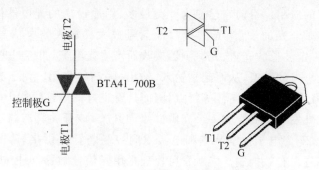

图 13-10 双向可控硅 BTA41700B

触发脉冲输出的信号加在电源电路可控硅的控制极,使电路导通,并给负载供电,使灯按弱、中、强、关闭 4 个状态动作,达到调功率的目的。移相触发在可控硅的每个正或负周期中都有保持通断的部分,即输出连续可调,故能适应各种负载,但在控制过程中,会对电网产生电磁干扰。根据负载性质、使用条件和周围环境选择合适的移相触发电路。为了实现整流电路输出电压"可控",必须使可控硅承受正向电压的每半个周期内,触发电路发出第一个触发脉冲的时刻都相同,这种相互配合的工作方式,称为触发脉冲与电源同步。交流同步触发可控硅控制电路,通过调节触发电阻的大小,在交流电压大小变化时,在设定的触发位置达到触发电压的幅度,可控硅导通。移相触发是通过改变导通角来实现调压,图 13-11 所示就是触发脉冲的移相触发角分别为 45°、90°和 135°时的导通情况。

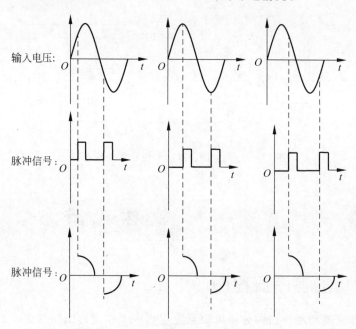

图 13-11 触发角导通状态

13.3.3.3　MOC3022 工作原理

MOC3022 是一款光隔离三端双向可控硅驱动器芯片，亦称光电隔离器，简称光耦，光电耦合器以光为媒介传输电信号。它对输入、输出电信号有良好的隔离作用，所以，它在各种电路中得到广泛的应用。目前它已成为种类最多、用途最广的光电器件之一。光电耦合器一般由三部分组成：光的发射、光的接收及信号放大。输入的电信号驱动发光二极管（LED），使之发出一定波长的光，被光探测器接收而产生光电流，再经过进一步放大后输出。这就完成了电—光—电的转换，从而起到输入、输出、隔离的作用。由于光耦合器输入输出间互相隔离，电信号传输具有单向性等特点，因而具有良好的电绝缘能力和抗干扰能力。它包含一个砷化镓红外发光二极管和一个光敏硅双向开关，该开关具有与三端双向可控硅一样的功能。MOC3022 为电子控制装置和电源双向控制装置提供接口，以便对操作电压下的电阻和电感负载进行有效控制。光触发可控硅是用光信号触发，可控硅被光脉冲触发后，即使光信号已经消失，只要可控硅的 T1、T2 之间有电压，可控硅也能维持在导通状态。所以 MOC30XX 系列的光触发可控硅只能用于交流电的负载控制。在交流电的半周内一旦触发，电流会维持到交流电换向过零时才关断。电光耦合双向可控硅驱动器是一种单片机与双向可控硅之间较理想的接口器件。它由输入和输出两部分组成，输入部分是一个砷化镓发光二极管，该二极管在 $5\sim15\mathrm{mA}$ 正向电流作用下发出足够强度的红外线触发输出部分。输出部分是一个硅光敏双向可控硅，在紫外线的作用下可双向导通。

MOC3022 是 DIP-6 封装的光控可控硅。其 1、2 脚分别为二极管的正、负极；4、6 脚为输出回路的两端；3、5 脚不用连接。光耦隔离电路使被隔离的两部分电路之间没有电的直接连接，主要是防止因有电的连接而引起的干扰，特别是低压的控制电路与外部高压电路之间。光耦合双向可控硅驱动器电路如图 13-12 所示。

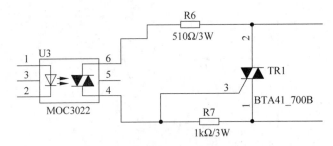

图 13-12　光电耦合双向可控硅驱动器电路

13.4　软 件 设 计

13.4.1　主程序流程图 ◄

按上述工作原理和硬件结构分析可知系统主程序工作流程图如图 13-13 所示。
键盘扫描程序框图如图 13-14 所示。

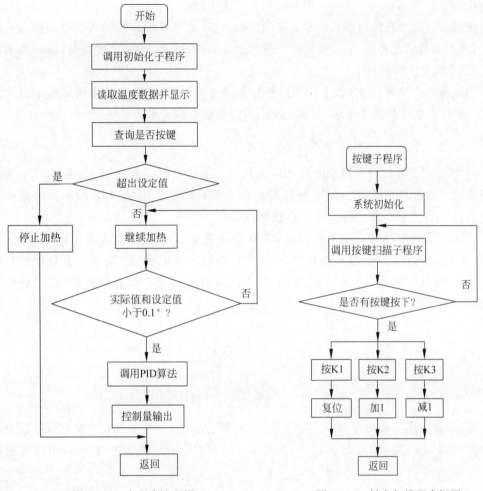

图 13-13　主程序流程图　　　　　图 13-14　键盘扫描程序框图

13.4.2　PID 控制算法 ◀

　　PID 控制器具有结构简单、容易实现、控制效果好、鲁棒性强等特点,是迄今为止最稳定的控制方法。它所涉及的参数物理意义明确,理论分析体系完整,因而在工业过程控制中得到了广泛应用。PID 控制由反馈系统偏差的比例(P)、积分(I)和微分(D)的线性组合而成,这 3 种基本控制规律各具特点。

　　P 比例控制:比例控制器在控制输入信号 $e(t)$ 变化时,只改变信号的幅值而不改变信号的相位,采用比例控制可以提高系统的开环增益。该控制为主要控制部分。

　　D 微分控制:微分控制器对输入信号取微分或差分,微分反映的是系统的变化率,因此微分控制是一种超前预测性调节,可以预测系统的变化,增大系统的阻尼,提高相角裕度,起到改善系统性能的作用。但是,微分对干扰也有很大的放大作用,过大的微分会使系统振荡加剧。

　　I 积分控制:积分是一种累加作用,它记录了系统变化的历史,因此,积分控制反映的是控制中历史对当前系统的作用。积分控制往系统中加入了零极点,可以提高系统的型别(控制系统型别即为开环传递函数的零极点的重数,它表征了系统跟随输入信号的能力),消除静差,提高系统的无差度,但会使系统的振荡加剧,超调增大,动态性能降低,故一般不单独使用,而是与 PD 控制相结合。

PID 的复合控制:综合以上几种控制规律的优点,使系统同时获得很好的动态和稳态性能。PID 控制规律的基本输入/输出关系可用微分方程表示:

$$v(t) = K_P\left(e(t) + \frac{1}{T_I}\int_0^t e(t)\mathrm{d}t + T_d\frac{\mathrm{d}e(t)}{\mathrm{d}t}\right) \tag{13-1}$$

式中,$e(t)$ 为控制器的输入偏差信号;K_P 为比例控制增益;T_I 为积分时间常数;T_D 为微分时间常数。在计算机控制系统中,使用的是数字 PID 控制器,数字 PID 控制算法通常又分为位置式 PID 控制算法和增量式 PID 控制算法。

由于计算机控制是一种采样控制,它只能根据采样时刻的偏差值计算控制量,故对式(13-1)中的积分和微分项不能直接使用,需要进行离散化处理。按模拟 PID 控制算法的式(13-1),现以一系列的采样时刻点 kT 代表连续时间 t,以和式代替积分,以增量代替微分,则可以作如下的近似变换:

$$\begin{cases} t = kT(k = 0,1,2,\cdots) \\ \int_0^t e(t)\mathrm{d}t \approx \sum_{j=0}^k e(jT) = T\sum_{j=0}^k e(j) \\ \frac{\mathrm{d}e(t)}{\mathrm{d}t} \approx \frac{e(kT) - e[(k-1)T]}{T} = \frac{e(k) - e(k-1)}{T} \end{cases} \tag{13-2}$$

显然,在上述离散化过程中,采样周期 T 必须足够短,才能保证有足够的精度。为了书写方便,将 $e(kT)$ 简化表示成 $e(k)$ 等,即省去 T。将式(13-2)代入式(13-1),可以得到离散的 PID 表达式为

$$u(k) = K_P\left\{e(k) + \frac{T}{T_I}\sum_{j=0}^k e(j) + \frac{T_D}{T}[e(k) - e(k-1)]\right\} \tag{13-3}$$

式中,k 为采样序列号;$u(k)$ 为第 k 次采样时刻的计算机输出值;$e(k)$ 为第 k 次采样时刻输入的偏差值;$e(k-1)$ 为第 $k-1$ 次采样时刻输入的偏差值;K_I 为积分系数,$K_I = K_P \times T/T_I$;K_D 为微分系数,$K_D = K_P \times T_D/T$。

我们常称式(13-3)为位置型 PID 控制算法。位置型 PID 算法与发热负载的连接如图 13-15 所示,对于位置型 PID 控制算法来说,位置型 PID 控制算法示意图如图 13-16 所示,由于全量输出,所以每次输出均与过去的状态有关,计算时要对误差进行累加,所以运算工作量大。而且如果执行器(计算机)出现故障,将会引起执行机构位置的大幅度变化,而这种情况在生产场合是不允许的,因而产生了增量型 PID 控制算法。

图 13-15 位置型控制示意图

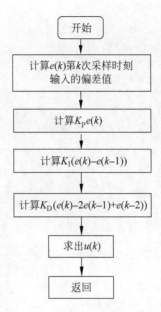

图 13-16　位置型控制算法示意图

```
#include < reg52.h >                              //52 系列单片机头文件
#include < intrins.h >
#include < string.h >
#define uint unsigned int                        //宏定义
#define uchar unsigned char
#define _Nop() _nop_()                           //延时 1μs
float tt;
uint t;
struct PID {
unsigned int SetPoint;                           //设定目标 Desired Value
unsigned int Proportion;                         //比例常数 Proportional Const
unsigned int Integral;                           //积分常数 Integral Const
unsigned int Derivative;                         //微分常数 Derivative Const
unsigned int LastError;                          //Error[ - 1]
unsigned int PrevError;                          //Error[ - 2]
unsigned int SumError;                           //Sums of Errors
};
struct PID spid;                                 //PID Control Structure
unsigned int rout;                               //PID Response (Output)
unsigned int rin;                                //PID Feedback (Input)
sbit DQ = P2 ^ 6;                                //18B20 定义端口
sbit DATA = P2 ^ 5;                              //WS100T10 数据端口
sbit CLK = P2 ^ 4;                               //WS100T10 时钟信号端口
sbit STB = P2 ^ 3;                               //WS100T10 片选端口
sbit key1 = P2 ^ 2;                              //按键 1 定义端口
sbit key2 = P2 ^ 1;                              //按键 2 定义端口
uchar high_time, temper, j = 0, s, light, x_pos, y_pos, lcd_dat;
typedef unsigned char byte;
typedef unsigned int word;
void qudong(unsigned char cmd, unsigned char ch);    //声明子函数
```

```
#define lcd_data_port P0
uchar table1[] = {" 设置温度:      "};
uchar code table2[] = {" P:10 I:8 D:6 "};
uchar code table3[] = {"当前温度为:Temp "};
uchar code table4[] = {"      摄氏度 "};
float tt;
uint set_temper = 45;
sbit rs = P1 ^ 0;                  //12864 控制端口
sbit rw = P1 ^ 1;
sbit e = P1 ^ 2;                   //12864 使能信号端口
sbit psb = P1 ^ 3;
uchar m;
uint temp;
uchar flag_get, num, sign;
uchar st[6];
/* ----------------------------------------------------------------
延时部分
------------------------------------------------------------------ */
void MyDelay(unsigned int time)    //延时 1μs
{
    while(time -- )
    {
        _nop_();
    }
}
void delay_50us(uint t)            //延时 50μs
{
    uchar j;
    for(;t > 0;t -- )
    for(j = 19;j > 0;j -- );
}


/* ----------------------------------------------------------------
18B20 驱动程序部分
------------------------------------------------------------------ */
//18B20 初始化函数
Init_DS18B20(void)
{
    unsigned char x = 0;
    DQ = 1;                        //DQ 复位
    MyDelay(2);                    //稍做延时
    DQ = 0;                        //单片机将 DQ 拉低
    MyDelay(20);                   //精确延时,大于 480μs
    DQ = 1;                        //拉高总线
    MyDelay(10);
    x = DQ;                        //稍做延时后,若 x = 0 则初始化成功,若 x = 1 则初始化失败
    MyDelay(20);
}
//读一个字节
ReadOneChar(void)
{
```

```
    unsigned char i = 0;
    unsigned char dat = 0;
    for (i = 8; i > 0; i-- )
{
        DQ = 0;                          //给脉冲信号
        dat >> = 1;
        DQ = 1;                          //给脉冲信号
        if(DQ)
        dat| = 0x80;
        MyDelay(2);
        }
    return(dat);
}
//写一个字节
WriteOneChar(unsigned char dat)
{
    unsigned char i = 0;
    for (i = 8; i > 0; i-- ){
        DQ = 0;
        DQ = dat&0x01;
    MyDelay(1);
        DQ = 1;
        dat >> = 1;
        }
}
//读取温度
ReadTemperature(void)
{
    unsigned int t = 0;
    unsigned char a = 0;
    unsigned char b = 0;
    Init_DS18B20();
    WriteOneChar(0xCC);                  //跳过读序号列号的操作
    WriteOneChar(0x44);                  //启动温度转换
    Init_DS18B20();
    WriteOneChar(0xCC);                  //跳过读序号列号的操作
    WriteOneChar(0xBE);                  //读取温度寄存器等(共可读 9 个寄存器),前两个就是温度
    a = ReadOneChar();
    b = ReadOneChar();
    s = (unsigned int)(b&0x0f);
    s = (s * 100)/16;
    t = b;
    t << = 8;
    t = t|a;
    tt = t * 0.0625;                     //实际温度
    return (t);                          //返回
    }
/* --------------------------------------------------------------
12864 显示程序部分
---------------------------------------------------------------- */
//写命令
```

```
void write_12864_com(uchar com)
{
    rw = 0;
    rs = 0;                              //选择写命令模式
    delay_50us(1);
    P0 = com;                            //将要写的命令字送到数据总线上
    e = 1;                               //使能端给一高脉冲,因为初始化函数中已经将 e 置为 0
    delay_50us(10);
    e = 0;                               //将使能端置 0,以完成高脉冲
    delay_50us(2);
}
//写数据
void write_12864_dat(uchar dat)
{
    rw = 0;
    rs = 1;
    delay_50us(1);
    P0 = dat;
    e = 1;
    delay_50us(10);
    e = 0;
    delay_50us(2);
}
//初始化
void init_12864()
{
    MyDelay(100);
    write_12864_com(0x30);               //功能设定
    delay_50us(4);
    write_12864_com(0x30);
    delay_50us(4);
    write_12864_com(0x0c);               //开显示
    delay_50us(4);
    write_12864_com(0x01);               //清屏
    delay_50us(240);
    write_12864_com(0x06);               //进入点设定
    delay_50us(10);
}
/* ----------------------------------------------------------------------
PID算法控制函数部分
---------------------------------------------------------------------- */
//初始化
void PIDInit(struct PID * pp)
{
memset(pp, 0, sizeof(struct PID));
}
//PID 计算部分
unsigned int PIDCalc(struct PID * pp, unsigned int NextPoint)
{
unsigned int dError, Error;
Error = pp -> SetPoint - NextPoint;      //偏差
```

```
pp - > SumError += Error;                          //积分
dError = pp - > LastError - pp - > PrevError;       //当前微分
pp - > PrevError = pp - > LastError;
pp - > LastError = Error;
return (pp - > Proportion * Error                   //比例
 + pp - > Integral * pp - > SumError               //积分项
 + pp - > Derivative * dError);                     //微分项
}
/* --------------------------------------------------------------
温度比较处理子程序
--------------------------------------------------------------- */
compare_temper()
{
ReadTemperature();                                 //读取当前温度
if(set_temper > tt)

{
if(set_temper - tt > 0.1)
{
    high_time = 1;
}
else
{
    rin = s;                                       //读取输入量
    rout = PIDCalc(&spid, rin);                    //PID 控制输出
    if (high_time <= 80)
    high_time = (unsigned char)(rout/8000);
}
}
else
{
high_time = 0;
}
return (high_time);                                //返回
}
/* --------------------------------------------------------------
按键扫描函数部分
--------------------------------------------------------------- */
void keyscan()
    {
        if(key1 == 0)                              //判断按键1是否按下
        {
        MyDelay(10);                               //延时
        if(key1 == 0)                              //去抖延时
        {
            set_temper += 1;                       //自加1
        }
            while(!key1);                          //等待按键释放
        }
        if(key2 == 0)                              //判断按键2是否按下
```

```
                {
            MyDelay(10);                          //延时
            if(key2 == 0)                         //去抖延时
            {
                set_temper -= 1;                  //自减1
            }
              while(!key2);                       //等待按键释放
            }
            light = compare_temper();             //赋值变量比较函数值
            qudong(light,0);                      //调用调光控制函数
    }
/* ------------------------------------------------------------------
函数功能：调温控制函数
-------------------------------------------------------------------- */
void qudong(unsigned char cmd,unsigned char ch)
{
    unsigned char i,dl,dh;
    unsigned int datas;
    dh = cmd;
    if(ch == 1)dh|= 0x80;

    dl = ~dh;
    datas = dl;
    datas|= dh << 8;                              //最终要发送的数据为16位
                                                  //高8位命令低8位取反校验
    STB = 0;                                      //拉低片选
    for(i = 0;i < 16;i++)
    {
        CLK = 0;
        MyDelay(5);                               //这里大约是100μs
        if(datas & 0x8000)
        DATA = 1;
        else
        DATA = 0;
        CLK = 1;
        MyDelay(5);                               //这里大约是100μs
        datas <<= 1;
    }
        STB = 1;
        CLK = 1;
        DATA = 1;
}
/* ------------------------------------------------------------------
主函数
-------------------------------------------------------------------- */
main()
{
uchar TempH,dot,i;
STB = 1;
CLK = 1;
PIDInit(&spid);                                   //初始化函数
```

```
init_12864();
spid.Proportion = 10;                                //PID 比例参数值
spid.Integral = 8;                                   //PID 积分参数值
spid.Derivative = 6;                                 //PID 微分参数值
spid.SetPoint = 100;                                 //PID 设定值

write_12864_com(0x80);                               //写地址
psb = 1;                                             //给一高电平
for(i = 0; i < 12; i++)                              //显示第一行
{
    write_12864_dat(table1[i]);
    delay_50us(1);
}
    write_12864_com(0x90);                           //写地址
    for(i = 0; i < 16; i++)                          //显示第二行
    {
        write_12864_dat(table2[i]);
        delay_50us(1);
    }
    write_12864_com(0x88);                           //写地址
    for(i = 0; i < 16; i++)                          //显示第三行
    {
        write_12864_dat(table3[i]);
        delay_50us(1);
    }
    write_12864_com(0x98);                           //写地址
    for(i = 0; i < 16; i++)                          //显示第四行
    {
        write_12864_dat(table4[i]);
        delay_50us(1);
    }
    TMOD = 0x01;                                     //设置定时器 0 为工作方式 1
    TH0 = (65536 - 50000)/256;                       //装初值
    TL0 = (65536 - 50000) % 256;
    IE = 0x82;

EA = 1;                                              //开总中断
ET0 = 1;                                             //开定时器 0 中断
TR0 = 1;                                             //启动定时器 0
while(1)
    {
        write_12864_com(0x80 + 6);                   //显示可调设定温度值
        table1[11] = set_temper/10 + 0x30;
        table1[12] = set_temper % 10 + 0x30;
        write_12864_dat(table1[11]);
        write_12864_dat(table1[12]);
        keyscan();                                   //按键扫描
        MyDelay(10);
        st[1] = TempH/100 + 0x30;                    //动态显示实测温度
        st[2] = (TempH % 100)/10 + 0x30;
        st[3] = (TempH % 100) % 10 + 0x30;
```

```
        st[4] = '.';
        st[5] = dot + 0x30;
        write_12864_com(0x98 + 1);
        for(i = 0;i < 6;i++)
        {
            write_12864_dat(st[i]);
            delay_50us(1);
        }
        if(flag_get == 1)
        {
            temp = ReadTemperature();              //读取温度
            if(temp&0x80000)
            {
                st[0] = 0x2d;                       //负号
                temp = ~temp;
                temp += 1;
            }
            else
            st[0] = 0x2b;                          //正号
            TempH = temp >> 4;                     //向右移动4位
            dot = temp&0x0F;
            dot = dot * 6/10;                      //显示小数部分
            flag_get = 0;
        }
    }
    ET0 = 0;                                       //关定时器0中断
    TR0 = 0;                                       //关定时器0
    write_12864_com(0x01);                         //清屏显示
}
void time0(void)interrupt 1 using 1
{
    TH0 = (65536 − 50000)/256;                     //重装初值
    TL0 = (65536 − 50000) % 256;
    num++;
    if(num == 15)                                  //如果到了15次,把num清0重新再计15次
    {
        num = 0;
        flag_get = 1;
    }

}
```

13.5 系统测试及结果

13.5.1 系统硬件测试 ◄

通过以上的综合分析,进而将各模块硬件电路组合搭建,进行功能调试,以得到理想的结果。对电路进行组合搭建前,需要分别测试各个模块的硬件电路是否工作正常。

测试流程为:使用目测的方法,检查各个模块焊接情况,是否存在虚焊、连焊等不良情

况,并核对元器件的型号、规格和安装是否符合要求,并利用万用表检测电路通断情况。

本系统电源部分的设计采用 3 节 5 号干电池 4.5V 供电。将蜂鸣器、LED 分别串联电阻接通电路,检测是否正常工作,并检测液晶显示屏是否正常。对主控芯片 STC89C52 参考本章案例,编写程序并下载到单片机开发板检测器件是否完好;若以上模块正常工作,根据原理图焊接电路并进行调试。在焊接电路板时,应该从最基本的最小系统开始,分模块、逐个进行焊接测试,对各个硬件模块进行测试时,要保证在软件正确的情况下测试硬件。

13.5.2　系统软件测试 ◀

软件部分先参照本章案例,然后自己根据硬件电路编写程序,程序编写所采用的环境是 Keil,再编写驱动程序和主程序后进行运行调试,然后将程序下载到单片机进行调试,若运行结果达不到要求,则返回修改代码,再下载程序调试,直至得到理想的结果。通过对本系统的分析及各个组件的实验研究,经过调试得到符合本课题要求的结果。系统实物图如图 13-17 所示。

图 13-17　系统实物图

本章基本实现了基于 STC89C52 温度控制系统的设计,培养了读者创新思维动手的实践能力。本章研究了一种基于单片机的 PID 控温系统,该系统具有成本低、控制可靠等优点,经过验证该系统达到了预期的设计要求。基于单片机的温度控制系统,有着很多独特的优越性:它投资少、易维护、编程简单、节约电能、可靠性高,完全可以替代传统成本高、效率低的控制器件,为我们的研究、创造提供了强大的动力。同时本设计还存在着一些不足,例如:系统的硬件设计方面有待完善,可以增加各种保护功能和故障检测功能。还有可以用 12864 显示温度曲线,或者用电脑和单片机描出图形,使得 PID 参数更容易调节。

参 考 文 献

[1] 刘刚. Protel DXP 2004 SP2 原理图与 PCB 设计. 北京：电子工业出版社,2016

[2] 史久贵. 基于 Altium Designer 的原理图与 PCB 设计. 北京：机械工业出版社,2014

[3] 任富民. 电子 CAD-Protel DXP 电路设计. 北京：电子工业出版社,2012

[4] 兰建花. 电子电路 CAD 项目化教程. 北京：机械工业出版社,2012

[5] 毕秀梅. 电子线路 CAD 项目实训教程. 北京：北京邮电大学出版社,2012

[6] 郭勇. Altium Designer 印制电路板设计教程. 北京：机械工业出版社,2015

[7] 郭天祥. 新概念 51 单片机 C 语言教程. 北京：电子工业出版社,2011

[8] 李全利. 单片机原理及接口技术(第二版). 北京：高等教育出版社,2009

[9] 谢维成. 单片机原理与应用及 C51 程序设计(第三版). 北京：清华大学出版社,2014

[10] 戴佳. 51 单片机应用系统开发典型实例. 北京：中国电力出版社,2005

[11] 叶刚. 小型智能电子产品开发案例教程. 北京：科学出版社,2013

[12] 康华光. 电子技术基础. 北京：高等教育出版社,2006

[13] 蔡明生. 电子设计. 北京：高等教育出版社,2004

[14] 谢自美. 电子线路设计. 武汉：华中科技大学出版社,2006